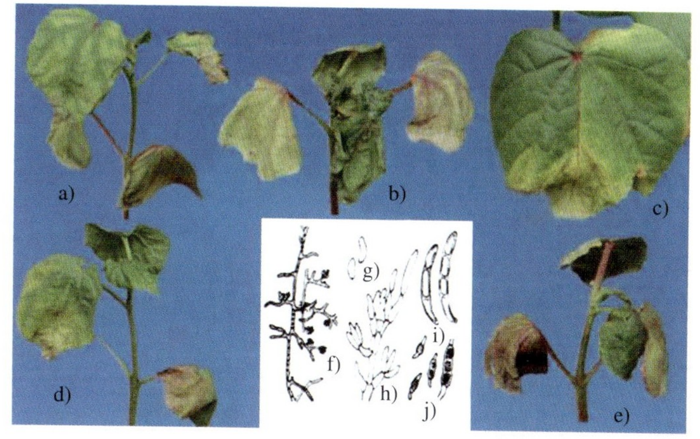

彩图1 棉花枯萎病症状类型及病原菌

a) 黄化型 b) 皱缩型与紫红混生型 c) 黄色网纹型 d) 皱缩型 e) 紫红型
f) 小型分生孢子梗和分生孢子 g) 小型分生孢子 h) 大型分生孢子梗 i) 大型分生孢子 j) 厚垣孢子

彩图2 棉苗立枯病

a) 田间被害状 b) 病芽 c) 病苗前期 d) 病苗后期 e) 成株期病茎

彩图3 土耳其斯坦叶螨为害状

彩图4　截形叶螨为害状

a)　　　　　　　　b)

彩图5　棉叶螨

a) 土耳其斯坦叶螨　b) 截形叶螨

彩图7　小麦白粉病

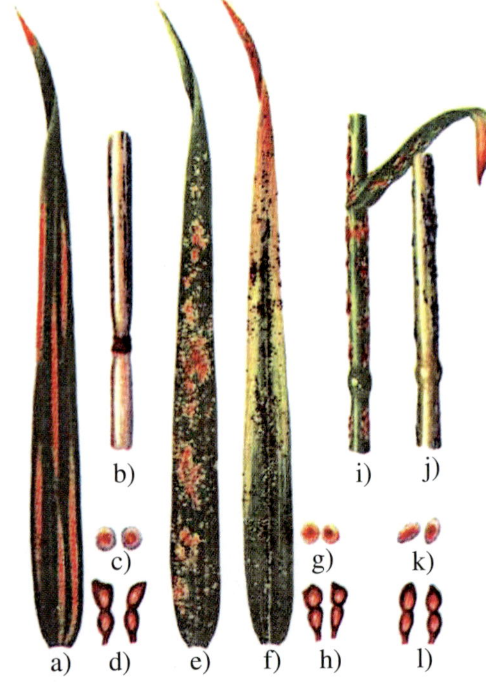

彩图6　小麦锈病

小麦条锈病：a) 前期病叶　b) 后期病秆　c) 病原菌夏孢子　d) 冬孢子

小麦叶锈病：e) 前期病叶　f) 后期病叶　g) 夏孢子　h) 冬孢子

小麦秆锈病：i) 前期病秆　j) 后期病秆　k) 夏孢子　l) 冬孢子

彩图8　玉米瘤黑粉病

彩图9　玉米丝黑穗病

a) 病雌穗　b) 病雄穗

彩图10　玉米茎腐病

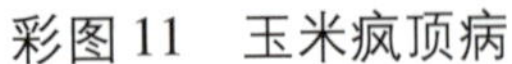

彩图 11　玉米疯顶病

彩图 12　玉米矮花叶病

彩图 13　葡萄日灼病

彩图 14　葡萄缺铁病

Nong zuowu zhibao

职业技能培训鉴定教材

农作物植保员

（初级）

主　编　张东海

编　者　刘国军　赖军臣　唐晓东　马桂龙

主　审　赵思峰

审　稿　赵冰梅

中国劳动社会保障出版社

图书在版编目（CIP）数据

农作物植保员．初级/人力资源和社会保障部教材办公室，新疆生产建设兵团劳动和社会保障局，新疆生产建设兵团农业局组织编写．—北京：中国劳动社会保障出版社，2009

职业技能培训鉴定教材

ISBN 978－7－5045－7573－9

Ⅰ．农…　Ⅱ．①人…②新…③新…　Ⅲ．作物-植物保护-职业技能鉴定-教材　Ⅳ．S4

中国版本图书馆 CIP 数据核字（2009）第 147947 号

中国劳动社会保障出版社出版发行

（北京市惠新东街 1 号　邮政编码：100029）

出 版 人：张梦欣

*

北京隆昌伟业印刷有限公司印刷装订　新华书店经销

787 毫米×1092 毫米　16 开本　12 印张　2 彩插页　232 千字

2009 年 8 月第 1 版　2023 年 2 月第 20 次印刷

定价：23.00 元

营销中心电话：400-606-6496

出版社网址：http://www.class.com.cn

教材编审委员会

主　任　李勇先（新疆生产建设兵团副秘书长、农业局局长）

副主任　曲德林（新疆生产建设兵团劳动和社会保障局副局长）

彭玉兰（新疆生产建设兵团劳动和社会保障局副局长）

刘景德（新疆生产建设兵团农业局副局长）

苗启华（新疆生产建设兵团农业局总畜牧师）

委　员　多　林（新疆生产建设兵团劳动和社会保障局就业培训处处长）

杜之虎（新疆生产建设兵团农业局种植业管理处处长）

黄国林（新疆生产建设兵团职业技能鉴定中心主任）

丁卫东（新疆生产建设兵团农业局乡镇企业产业指导处处长）

张利淇（新疆生产建设兵团农业局园艺处副处长）

宋安星（新疆生产建设兵团职业技能鉴定中心副主任）

李宏健（新疆生产建设兵团兽医总站畜牧科科长）

尤满仓（原新疆生产建设兵团农业局处长）

教材编审委员会办公室

主　任　多　林

副主任　杜之虎　黄国林

成　员　宋安星　冉　颢　尤满仓　陈纪顺

李晓梅　唐晓东

内容简介

本教材以《国家职业标准·农作物植保员》为依据，结合新疆生产建设兵团农作物植保技术经验进行编写。教材在编写过程中紧紧围绕“以企业需求为导向，以职业能力为核心”的编写理念，力求突出职业技能培训特色，满足职业技能培训与鉴定考核的需要。

本教材详细介绍了初级农作物植保员要求掌握的最新实用知识和技术。全书分为4个模块单元，主要内容包括：职业道德和相关法律知识、预测预报、综合防治、农药常识等。每一单元后安排了单元测试题及答案，书末提供了理论知识考核试卷，供读者巩固、检验学习效果时参考使用。

本教材是初级农作物植保员职业技能培训与鉴定考核用书，也可供相关人员参加在职培训、岗位培训使用。

前　言

为满足各级培训、鉴定部门和广大劳动者的需要，人力资源和社会保障部教材办公室、中国劳动社会保障出版社在总结以往教材编写经验的基础上，联合新疆生产建设兵团劳动和社会保障局、兵团农业局和兵团职业技能鉴定中心，依据国家职业标准和企业对各类技能人才的需求，研发了农业类系列职业技能培训鉴定教材，涉及农艺工、果树工、蔬菜工、牧草工、农作物植保员、家畜饲养工、家禽饲养工、农机修理工、拖拉机驾驶员、联合收割机驾驶员、白酒酿造工、乳品检验员、沼气生产工、制油工、制粉工等职业和工种。新教材除了满足地方、行业、产业需求外，也具有全国通用性。这套教材力求体现以下主要特点：

在编写原则上，突出以职业能力为核心。教材编写贯穿“以职业标准为依据，以企业需求为导向，以职业能力为核心”的理念，依据国家职业标准，结合企业实际，反映岗位需求，突出新知识、新技术、新工艺、新方法，注重职业能力培养。凡是职业岗位工作中要求掌握的知识和技能，均作详细介绍。

在使用功能上，注重服务于培训和鉴定。根据职业发展的实际情况和培训需求，教材力求体现职业培训的规律，反映职业技能鉴定考核的基本要求，满足培训对象参加各级各类鉴定考试的需要。

在编写模式上，采用分级模块化编写。纵向上，教材按照国家职业资格等级编写，各等级合理衔接、步步提升，为技能人才培养搭建科学的阶梯型培训架构。横向上，教材按照职业功能分模块展开，安排足量、适用的内容，贴近生产实际，贴近培训对象需要，贴近市场需求。

在内容安排上，增强教材的可读性。为便于培训、鉴定部门在有限的时间内把最重要的知识和技能传授给培训对象，同时也便于培训对象迅速抓住重点，提高学习效率，在教材中精心设置了“培训目标”栏目，以提示应该达到的目标，需要掌握的重点、难点、鉴定点和有关的扩展知识。另外，每个学习单元后安排了单元测试题，每个级别的教材都提供了理论知识考核试卷，方便培训对象及时巩固、检验学习效果，并对本职业鉴定考核形式有初步的了解。

本系列教材在编写过程中得到新疆生产建设兵团劳动和社会保障局、兵团农业局和兵团职业技能鉴定中心的大力支持和热情帮助，在此一并致以诚挚的谢意。

编写教材有相当的难度，是一项探索性工作。由于时间仓促，不足之处在所难免，恳切希望各使用单位和个人对教材提出宝贵意见，以便修订时加以完善。

人力资源和社会保障部教材办公室

目 录

第1单元 职业道德和相关法律知识/1—14

第一节 职业道德/2

一、职业道德的基本知识

二、职业守则

第二节 相关法律法规/3

一、《农业法》

二、《农业技术推广法》

三、《植物检疫条例》

四、《农药管理条例》

单元测试题/13

单元测试题答案/14

第2单元 预测预报/15—106

第一节 农作物害虫基础知识/16

一、昆虫的外部形态

二、昆虫的繁殖

三、昆虫各虫期生命活动的特点

四、昆虫的习性

第二节 农作物病害基础知识/33

一、植物病害的形成

二、植物病害的概念

三、侵染性病害和非侵染性病害的识别

四、病害的症状和类型

五、非侵染性病原

六、侵染性病原

七、植物病害的诊断
第三节　农作物病虫害调查与测报基础知识/58
一、病虫害的田间分布类型
二、病虫害的田间调查
第四节　预测预报及田间调查/62
一、棉花主要病虫害的识别和田间调查
二、小麦主要病虫害的识别和田间调查
三、玉米主要病虫害的识别和田间调查
四、葡萄主要病虫害的识别和田间调查
单元测试题/103
单元测试题答案/105
第3单元　综合防治/107—134
第一节　综合防治原理/108
一、综合防治的概念
二、综合防治的主要措施
第二节　主要防治措施的实施/115
一、农业生产中主要病虫害的发生与危害
二、农业生产中主要病虫害的防治措施
单元测试题/133
单元测试题答案/133
第4单元　农药常识/135—175
第一节　农药基础知识/136
一、农药的定义和概述
二、农药的种类和分类
三、农药的剂型
四、农药的毒性
五、农药的产品质量
第二节　农药的选择和购买/145
一、农药的选择
二、农药的购买
第三节　农药的使用/151
一、农药的使用方法
二、手动喷雾器的使用

三、手动喷粉器的使用
四、药械的清洗
第四节　农药的保管和运输/157
一、影响农药保管的主要因素
二、农药保管和运输的注意事项
第五节　农药的安全科学使用/160
一、农药安全使用的目标和任务
二、科学用药注意事项
三、安全使用农药注意事项
四、施药后的处理
第六节　农药中毒与急救/168
一、农药中毒的类型
二、农药中毒的途径
三、农药中毒的急救治疗
单元测试题/172
单元测试题答案/175

理论知识考核试卷/176
理论知识考核试卷答案/180

第1单元

职业道德和相关法律知识

❐ 第一节　职业道德 /2

❐ 第二节　相关法律法规 /3

第一节　职业道德

- 了解职业道德的基本含义和主要内容
- 掌握职业守则

一、职业道德的基本知识

职业道德是人们在一定职业活动范围内应当遵守的，与其特定职业活动相适应的行为规范的总和。人们的职业道德可以分为两个方面，即一般意义上的职业道德和分行业的职业道德。前者是指所有的职业活动对人的普遍道德要求，后者则是行业对从业人员道德行为的具体要求。农作物植保员在职业活动中的工作职责是预防和控制病、虫、草、鼠和其他有害生物对农作物生长过程的危害，保证农产品安全。这要求植保员遵守行为规范，爱岗敬业、忠于职守，具有强烈的责任感和为社会服务的意识。

二、职业守则

1. 爱岗敬业，忠于职守

植保员要做到爱岗敬业，忠于职守。

首先，要热爱本职工作，热爱自己的工作岗位，树立职业荣誉感；忠于职守就是忠于人民的事业，以崇高的使命感和责任感，恪守职责，兢兢业业做好本职工作。这也是对每个从业人员最起码的职业道德要求。农业是国民经济的基础，植保员对保证农作物优质高产具有重要的作用。只有当植保员清楚地认识到自己所从事的职业的社会价值，忠实、自觉地履行职业责任，尽心尽力地做好植物保护工作，将自己的身心和情感融入植保工作中，才能够体验到工作的乐趣，发挥出自己的聪明才智。

其次，要树立强烈的职业责任感，这是植保员应承担的社会义务，也是必须做的工作。植保员在农业生产第一线从事病、虫、草、鼠害等防治工作，非常辛苦，应具有奉献精神，这是植保员必须具备的一种特殊的道德品质。

2. 认真负责，实事求是

植保员在从事对农作物病、虫、草、鼠害等进行测报、防治等工作时要做到认真负责，一丝不苟；对调查研究中获得的各种数据和有关本职业的专业知识、技术研究、实际操作等的资料要实事求是，不弄虚作假。

3. 勤奋好学，精益求精

作为植保员要深入研究本职业技术知识和实际操作技能，即要精通业务。因为一方面农作物病、虫、草、鼠害的种类多，分布广，适应性强，诊断、测报及防治工作均较复杂；另一方面植保科学发展迅速，新的科学技术不断运用到生产实践之中。因此，植保员不仅要具备较高的科学文化水平、丰富的生产实践经验，而且要不断地学习充实自己，刻苦钻研新技术，提高业务能力，才能做好本职工作，从而在农业生产中发挥更大的作用。

4. 热情服务，遵纪守法

植保员要树立良好的服务意识，要依法办事，增强法纪意识，按照国家的规章制度办事，严格遵守植保员守则。

5. 规范操作，注意安全

植保员操作技术要规范，结果要准确可靠，在操作过程中要严格操作规程，注意人、畜、作物及天敌的安全，做到经济、安全、有效，把病、虫等有害生物控制在一定水平下，从而提高农作物的产量和质量。

第二节 相关法律法规

→ 了解与植保相关的农业法律法规，掌握其基本内容和精神实质

一、《农业法》

1.《农业法》的颁布和实施

《农业法》是1993年7月2日由第八届全国人民代表大会常务委员会第二次会议通过，2002年12月28日第九届全国人民代表大会常务委员会第31次会议修订，自2003年3月1日起施行。

《农业法》是我国农业方面的一部基本法。

2.《农业法》颁布和实施的意义

新《农业法》的颁布和实施，是我国新时期农业与农村经济发展进程中的一件大事，对于促进农业发展、农民富裕和农村繁荣，实现全面建设小康社会的目标，具有重要意义。

（1）新形势下落实党中央农业和农村政策的法律保障。新《农业法》根据农业发展新阶段的要求，以建立和完善适应社会主义市场经济的农村经济体制，调整和优化农业和农村经济结构，提高农业的整体素质和效益，发展农业生产力，促进农业现代化和增加农民收入为目标，按照党的十五大和十五届三中、五中全会精神，把近年来中央提出的农业和农村工作方面的基本政策和重要措施，以及实践中的成功经验和做法，上升为法律，予以规范。因此，可以说，新《农业法》是党的农业和农村基本政策的条文化、具体化，贯彻新《农业法》与落实党中央农业和农村基本政策是一致的，新《农业法》贯彻好了，党的农村基本政策就能够得到很好的落实。

（2）新阶段全面建设农村小康社会的法律保障。党的十六大提出了全面建设小康社会的奋斗目标。全面建设小康社会，重点在农村，难点在农民。只有农村和农民全面实现小康了，我们国家才能成为完整的小康社会。推进农村小康建设，必须以增加农民收入、增加农业综合效益、增强农产品竞争力为目标，以推进农业和农村经济结构战略性调整为主线，以科技创新、体制创新、机制创新为手段，重点建设农业科技创新与技术服务体系、农产品质量安全体系、农产品市场体系、市场信息服务体系和农业行政管理与执法体系。新《农业法》第 3 条也把提高农业整体素质、提高农业效益、提高农民收入确定为农业和农村经济发展的重要目标，并就如何加强上述五大体系建设规定一系列法律措施。因此，贯彻实施好新《农业法》，必将为新阶段全面建设农村小康社会提供有力的法律保障。

（3）新世纪农村政治文明建设的“推进器”。党的十六大把发展社会主义民主政治，建设社会主义政治文明，确定为全面建设小康社会的一个重要目标，明确“发展社会主义民主政治，最根本的是要把坚持党的领导、人民当家做主和依法治国有机地结合起来。”依法治农是实施依法治国方略的重要组成部分，新《农业法》是我国农业方面的一部基本法，这部法律的贯彻实施，不仅有利于加强农业立法，推进农业执法，而且有利于增强农村干部的法制观念，加快农业部门依法行政和依法治农的进程。

3.《农业法》的作用和应用

新《农业法》共有 13 章 99 条，分为总则、农业生产经营体制、农业生产、农产品流通与加工、粮食安全、农业投入与支持保护、农业科技与农业教育、农业资源与农业环境保护、农民权益保护、农村经济发展、执法监督、法律责任和附则。

（1）《农业法》是一部农业发展法，是强化新阶段农业发展的保障措施。《农业法》总结了 1993 年以来我国农业发展的基本经验，增加了许多适应新形势发展要求的条款。明确了农业结构调整的方向和重点，确立了农产品质量安全和粮食安全保障措施，建立了农业支持和保护机制以及农产品进口预警机制，规定了促进城乡经济协调发展，逐步缩小城乡差别的基本措施。

（2）《农业法》是一部农村改革促进法，确立了农村改革的基本方向。新《农业法》重申国家长期稳定农村以家庭承包经营为基础、统分结合的双层经营体制；实行农村土地承包经营制度，依法保障农村土地承包关系长期稳定，保护土地承包人的合法权益；确立了农民专业合作经济组织的法律地位和组织原则；明确了农产品行业协会的法律地位和职责；提出了农产品购销实行市场调节和农产品市场体系建设的原则；规定了农村金融和农业保险发展的方向。这些规定，既肯定农村改革的成果，又考虑到农业发展的前瞻性，必将对深化农村改革产生积极的促进作用。

（3）《农业法》是一部农业基本法，体现农业一体化发展的要求。新《农业法》，为了适应农业一体化发展的要求，将与种植业、林业、畜牧业和渔业直接相关的产前、产中、产后服务活动纳入该法的调整范围，将“三农”问题作为一个整体加以考虑，增加有关农产品加工和市场信息服务的内容，规定“国家支持发展农产品加工业和食品工业，增加农产品附加值”，农业部门“应当建立农业信息收集、整理和发布制度，及时向农民和农业生产经营组织提供市场信息等服务”。

（4）《农业法》是一部农民权益保障法，反映维护广大农民群众利益的根本要求。保护农民权益，事关农业与农村改革、发展、稳定的大局。党中央历来十分重视保护农民的物质利益和民主权利，近年来又采取许多政策措施，不断加强保护农民权益的工作。这次修订新增“农民权益保护”一章，在原法有关保护农民权益规定的基础上，增加保护农民对承包土地的使用权，要求各级政府和有关部门采取措施增加农民收入，切实减轻农民负担，规定了农村财务公开制度；明确了保护农民权益的行政和司法救济措施等内容。

二、《农业技术推广法》

科学技术是第一生产力，但科学技术只有被应用于现实生产和社会实践才能转化为现实生产力，多数农业科技成果是高等院校和科研院所的专家、学者在实验室条件下研发出来，其最终的使用者是农民，要使两者对接，需要架一座桥梁，而农业技术推广就是农业科技成果转化为现实生产的主要桥梁。《农业技术推广法》明确规定：“农业技术推广，是指通过试验、示范、培训、指导以及咨询服务等，把农业技术普及应用于农业生产产前、产中、产后全过程的活动。”“各级人民政府应当加强对农业技术推广工作的领导，组织有关部门和单位采取措施，促进农业技术推广事业的发展。”

1.《农业技术推广法》的颁布和实施

1993 年 7 月 2 日，《农业技术推广法》经中华人民共和国第八届全国人民代表大会常务委员会第二次会议通过并颁布实施。《农业技术推广法》是我国农业科技工作的第一部国家立法，对我国农业和农村科技事业的发展具有十分重要的意义。

《农业技术推广法》主要规范农业技术的内容和农业技术推广的行为，以及农业技术推广应遵循的原则、方向、任务和法律责任，农业技术推广体系和保障措施。

《农业技术推广法》分为总则、农业技术推广体系、农业技术的推广与应用、农业技术推广的保障措施和附则等内容。

党的十七大报告提出建设社会主义新农村的重大历史任务，建设社会主义新农村的关键是推进现代农业建设，推进现代农业建设的关键是加速科技进步，加速科技进步的关键是加强农业技术推广。面对新形势、新任务、新要求，全面贯彻实施《农业技术推广法》，依法做好农业技术推广工作，更好地发挥其职能作用，为建设社会主义新农村和现代农业，实现“粮食增产、农业增效、农民增收”提供了有力的技术支撑。近年来，新疆生产建设兵团高度重视农业技术推广工作，已基本形成了兵团、师、团三级农业技术推广网络，拥有12个师级和93个团级农业技术推广站，推广人员达1 350人。各级农业技术推广站围绕兵团农业十大主体技术、六大精准技术，组织实施推广项目100余项，涉及高效高产综合栽培、科学施肥、病虫综合防治、节水灌溉等内容。尤其是在棉花上大力推广的六大精准技术，为实现兵团棉花高产、稳产奠定了基础。

2.《农业技术推广法》的应用

（1）农业技术推广应当遵循的原则

1）有利于农业的发展。

2）尊重农业劳动者的意愿。

3）因地制宜，经过试验、示范。

4）国家、农村集体经济组织扶持。

5）实行科研单位、有关学校、推广机构与群众性科技组织、科技人员、农业劳动者相结合。

6）讲求农业生产的经济效益、社会效益和生态效益。

（2）农业技术推广模式。农业技术推广，实行农业技术推广机构与科研单位、有关学校、民间科技组织、农民技术员相结合的推广体系。鼓励和支持企业、事业单位、社会团体和个人开展农业技术研究、技术引进、技术开发，其研究、引进、开发的成果经农业技术推广行政部门组织评定鉴定通过后，可以自行推广。农业技术推广行政部门应给予指导，并在财力、物力和技术等方面给予支持。

乡（镇）以上各级国家农业技术推广机构的职责是：

1）参与制订农业技术推广计划并组织实施。

2）组织农业技术的专业培训。

3）提供农业技术、信息服务。

4）对确定推广的农业技术进行试验、示范。

5）指导下级农业技术推广机构、群众性科技组织和农民技术人员的农业技术推广活动。

国家对调动农民的积极性，发挥群众性科技服务组织、农民技术员和农业劳动者在技术推广中的作用有如下规定：

一是明确群众性科技组织和农民技术员是农业技术推广体系的组成部分，规定农业技术推广服务组织和农民技术人员的任务是在农业技术推广机构的指导下，宣传农业技术推广知识，落实农业技术措施，为农业劳动者提供技术服务。规定国家采取措施培训农民技术人员。农民技术人员经过考核符合条件的可以按照有关规定授予相应的技术职称，并发给证书。国家鼓励和支持发展农村中的群众性科技组织，发挥它们在推广农业技术中的作用。

二是规定县、乡农业技术推广机构应当组织农业劳动者学习农业技术知识，提高他们应用农业技术的能力，支持他们参与农业技术推广活动。对在生产中采用先进技术的农民，有关部门和单位应在技术培训、资金、物资的销售等方面给予支持。

三是强调农民根据自愿原则采用农业技术，任何单位和个人不得强制农民采用农业技术，强制采用而给农民造成损失的，要承担民事赔偿责任。

（3）对从事农业技术推广人员的保障措施。各级人民政府应当采取措施，按照国家和省的有关规定配备农业技术推广机构的人员，落实经费，保障和改善农业技术人员的工作条件和生活条件。乡（镇）农业技术人员的生活待遇应不低于当地同级公务员的标准，保持农业技术推广机构和农业技术人员的稳定。农业科研单位和有关学校的科技人员从事农业技术推广工作的，在评定职称时，应当将他们从事农业技术推广工作的实绩作为考核的重要内容。

1）保障农业技术推广经费。各级农业技术推广机构的事业经费，纳入同级人民政府的财政预算，每年按财政正常性收入的增长比例相应增加。各级人民政府每年都应在地方财政支农资金中安排10%和在农业发展基金中安排15%以上的资金，作为农业技术推广专项资金，由同级农业技术推广行政部门用于实施农业技术推广项目。乡、村集体经济组织从其管辖的企业的以工补农、建农的资金中提取一定数额，用于该乡、村农业技术推广的投入。

2）推广农业技术可实行有偿服务的形式。农业技术推广机构向农业劳动者推广农业技术，实行无偿服务为主。农业技术推广机构、农业科研单位、有关学校以及科技人员，以技术转让、技术服务和技术承包等形式提供农民技术的，可以实行有偿服务，其合法收入受法律保护。进行农业技术转让、技术服务和技术承包，当事人各方应当订立合同，约定各自的权利和义务。

（4）违反规定推广农业技术造成应用者损失的责任追究：向农业劳动者推广未在推广地区经过试验证明具有先进性和适用性的农业技术，给农业劳动者造成损失的，应当承担民事赔偿责任，直接负责的主管人员和其他直接责任人员可以由其所在单位或者上级机关给予行政处分。

三、《植物检疫条例》

植物检疫是通过法律、行政和技术的手段，防止危险性植物病、虫、杂草和其他有害生物的人为传播，保障农业、林业生产的安全，促进贸易发展的措施。法制性是植物检疫的基本属性之一，植物检疫自诞生之日起就与法律、法规的强制实施密切相连。

植物检疫法规是为了防止植物危险性有害生物的传播蔓延、保护农林业的安全生产和生态环境、维护对外贸易信誉、履行国际义务，由国家制定法令，对进出境和国内地区间调运的植物及其产品进行检疫检验与监督处理的法律规范的总称。植物检疫是依靠植物检疫法规来保障实施的，植物检疫法规是开展植物检疫工作的法律依据，植物检疫工作人员代表国家行使植物检疫法规。

为了保障植物检疫工作顺利实施，促进国际间和国内贸易的正常发展，防止外来有害生物的传播蔓延，各国政府及各级国际性组织纷纷制定一系列植物检疫法规，如联合国粮农组织（FAO）制定并发布了《国际植物检疫措施标准》（ISPM）、世界贸易组织颁布了《卫生和植物卫生措施协定》（SPS）等。我国自开展植物检疫以来，先后颁布了许多植物检疫法规，如《进出境动植物检疫法》《植物检疫条例》等，并为贯彻实施这些法规制定了相应的“实施条例”“实施细则”和“办法”等，它们均具有法律效力。此外，在一些其他法规中也涉及植物检疫。例如，《森林法》第28条规定：“林业主管部门负责规定林木种苗的检疫对象，划定疫区和保护区，对林木种苗进行检疫。”《邮政法》第30条规定：“依法应当实行卫生检疫或动植物检疫的邮件，由检疫部门负责拣出并进行检疫，未经检疫部门许可，邮政企业不得运递。”《农业法》《种子管理条例》等也包含植物检疫的内容。各地方政府也制定了一些有关植物检疫的规定，如《浙江省植物检疫实施办法》《河北省植物检疫实施办法》等。

1.《植物检疫条例》的颁布和实施

《植物检疫条例》于1983年1月3日由国务院发布，并于1992年5月13日根据《国务院关于修改〈植物检疫条例〉的决定》修订后发布实施的一项植物检疫法规。它是目前我国进行国内植物检疫的法律依据，其目的是防止为害植物的危险性病、虫、杂草在国内传播蔓延，保护我国农业、林业生产安全。

该条例共有24条，涉及10项制度，即调运检疫制度、产地检疫制度、国外引种检疫制度、划定疫区和保护区制度、植物检疫对象审定制度、植物检疫收费制度、疫情发布管理制度、疫情监督制度、植物检疫奖惩制度和紧急防治制度等。为了更好地贯彻执行《植物检疫条例》，农业部和林业部还针对该条例分别颁布了《植物检疫条例实施细则（农业部分）》和《植物检疫条例实施细则（林业部分）》，其中《植物检疫条例实施细则（农业部分）》于1995年2月由农业部颁布。在《植物检疫条例》中，规定了国务院主管全国农业和林业行政部门的植物检疫工作，各省、自治区、直辖市的农业和林业行政部门主管本地区的植物检疫工作，县级以上地方各级农业和林业行政部门所属的植物检疫机构负责执行国家的植物检疫任务。在《植物检疫条例实施细则（农业部分）》中，分别规定了各级植物检疫机构的职责范围，如该细则第 4 条规定省级植保植检站的主要职责是：贯彻《植物检疫条例》及国家发布的各项植物检疫法令、规章制度，制定本省的实施计划和措施；检查并指导地、县级植物检疫机构的工作；拟订本省的《植物检疫实施办法》《补充的植物检疫对象及应施检疫的植物、植物产品名单》和其他植物检疫规章制度；拟订省内划定疫区和保护区的方案，提出全省检疫对象的普查、封锁和控制消灭措施，组织开展植物检疫技术的研究和推广；培训、管理地、县级检疫干部和技术人员，总结、交流检疫工作经验，汇编检疫技术资料；签发植物检疫证书，承办授权范围内的国外引种检疫审批和省间调运应施检疫的植物、植物产品的检疫手续，监督检查引种单位进行消毒处理和隔离试种；在车站、机场、港口、仓库及其他有关场所执行植物检疫任务。

《植物检疫条例》明确了植物检疫对象的确定原则，规定凡局部地区发生的危险性大、能随植物及其产品传播的病、虫、杂草，应定为植物检疫对象。农业、林业植物检疫对象和应施检疫的植物、植物产品名单，由国务院农业主管部门、林业主管部门制定。各省、自治区、直辖市农业主管部门、林业主管部门可以根据本地区的需要制定本省、自治区、直辖市的补充名单，并报国务院农业主管部门、林业主管部门备案。农业部和林业部根据该条例相继颁布了全国农业和林业的检疫对象名单。

《植物检疫条例》确定了疫区、保护区的划分依据和程序，指出：疫区和保护区的划定，由省、自治区、直辖市农业主管部门、林业主管部门提出，报省、自治区、直辖市人民政府批准，并报国务院农业主管部门、林业主管部门备案。疫区和保护区的范围涉及两省、自治区、直辖市以上的，由有关省、自治区、直辖市农业主管部门、林业主管部门共同提出，报国务院农业主管部门、林业主管批准后划定。疫区、保护区的改变和撤销的程序，与划定时同。

《植物检疫条例》规定植物检疫机构对于新发现的检疫对象和其他危险性病、虫、杂草，必须及时查清情况。立即报告省、自治区、直辖市农业主管部门、林业主管部门，采取措施，彻底消灭，并报告国务院农业主管部门、林业主管部门。各类疫情由国务院主管农业、林业行政部门发布。凡是植物种子、苗木及其他繁殖材料，以及列入应施植物检疫名单的植物产品，在异地调运前应向有关植物检疫机构申请，经检疫合格并取得植物检疫证书后方可调运。发现有植物检疫对象的，经检疫处理后方可调运。无法消毒处理的，不允许调运。《植物检疫条例》规定各植物种子、苗木和其他繁殖材料的繁育单位应按照无检疫对象的要求建立种苗基地，植物检疫机构应定期实施产地检疫。

从国外引进植物种子、苗木等繁殖材料，应向所在地省、自治区、直辖市植物检疫机构办理检疫审批，经口岸检验检疫局检疫合格后方可引进，必要时须进行隔离种植，经试种确认未带检疫性有害生物后，方可大面积种植。对违反本条例的任何单位或个人，将按照本条例及相关法规予以惩处。

2.《植物检疫条例》的作用和应用

自《植物检疫条例》颁布实施以来，各级植物检疫机构在当地政府和农业行政部门的领导和有关部门的配合下，积极贯彻执行，国内植物检疫制度日益健全，植物检疫工作逐步走上了有序发展的轨道，为保障农业生产安全，促进国内贸易发展和科技交流作出了突出的贡献，取得了显著的成绩。主要表现在以下几个方面：

（1）国内植物检疫规章及制度逐步完善。为使《植物检疫条例》落到实处，自其发布后，国家先后制定并颁布了全国性植物检疫规章或文件 50 多件，其中，农业部制定颁发了 30 多件，如《植物检疫条例实施细则（农业部分）》《关于国外引种检疫审批工作的补充规定》《农业部植物检疫员管理办法（试行）》等。农业部会同林业、财政、质检、铁路、民航、邮政、交通、物价等部门制定颁发的有 20 多件，如《植物检疫收费办法》等。此外，各省、自治区、直辖市也先后制定和实施了一系列地方性法规和规章，目前全国已有 28 个省区制定颁发了《植物检疫条例实施办法》和有关省间调运种苗检疫签证权限、检疫收费管理、违章罚款等单项规定。上述各级、各行业、各部门行政法规和规章的出台，增强了《植物检疫条例》的法律性和可操作性，促进了《植物检疫条例》的顺利实施，使国内植物检疫工作逐步纳入了法制的轨道。

（2）植物检疫法制意识逐步增强。《植物检疫条例》发布后，农业部先后举办多期省级植检站长培训班，并建立了全国植检干部培训基地。自 1984 年以来，每年举办两期全国植检干部培训班，共培训植检干部 500 多人。此外，各省、市、自治区也采取多种措施，投入大量资金，举办了多期植物检疫培训班，提高了各级植检人员的思想和业务水平。在《植物检疫条例》发布 5、10、20 周年之际，农业部全国植保总站相继组织开展了全国植物检疫宣传月活动，在相关行业和农业系统内各级单位及农村广大乡镇开展了《植物检疫条例》的宣传和检疫知识普及工作。这种学习、宣传活动，有力地推动了国内植物检疫法制建设，增强和提高了干部群众执法、守法的意识和自觉性。

（3）植物检疫业务管理工作逐步加强。我国自改革开放特别是加入世界贸易组织以来，对外交往不断扩大，国内外贸易迅速发展，应施检疫的植物和植物产品成倍增加。据不完全统计，农业部每年检疫审批国外引进植物种子、苗木超过 1 万批次，全国省际间调运的植物种苗每年达 10 万批次、种子 5 亿千克、苗木几十亿株，实施产地检疫的面积近千万公顷。为了适应引种批次多、渠道复杂、生产用商品种苗引进数量大、检疫和隔离难等实际情况，各级植物检疫机构改进和加强了检疫业务管理，采取国外引种实行限量审批和超限量两级审批等一系列措施，允许但有控制地引进国外种苗。全国统一植物检疫证书和植物检疫专用章及有关植物检疫单证，加强了调运植物检疫的规范化。制定主要农作物种苗的产地检疫规程等相关标准。开展机场、公路、铁路、车站、码头等植物检疫，大大降低了调运植物的漏检率。各级植物检疫部门依据《植物检疫条例》，联合司法部门共同查处了一大批违章调运种苗的事件。

（4）危险性病虫杂草得到有效防止和控制。《植物检疫条例》颁布实施以来，各级植物检疫机构开展联防联检和协作研究，封锁、控制和消灭植物检疫对象，有效地防止了一些危险性病、虫和杂草的传播和蔓延。如1983—1984年，全国19个主要产棉省区100多万人次普查棉花枯萎病、黄萎病，展开全国范围的检疫和防治工作；1990年，湖南、湖北等9省市建立了地区性联检联防协作组，共同采取检疫措施，对甘薯瘟病、水稻细条病、柑橘黄龙病等一些检疫对象进行了普查和有效的控制；为了全面掌握我国农业植物有害生物种类、分布及其危害等基本情况，及时修订了我国农业植物检疫性有害生物名单，严格控制检疫性有害生物的传入、传播和蔓延。农业部组织各级农业行政主管部门于2000—2002年底在全国范围内开展了农业植物检疫性有害生物疫情普查和封锁控制工作，取得了较大的成果。

综上所述，《植物检疫条例》颁布实施以来，我国国内植物检疫有了长足的发展，植物检疫工作成效显著，有效防止和控制了植物检疫性有害生物的传入、传播和蔓延，确保了我国农业生产安全，促进了农业生产和国内贸易的发展。

四、《农药管理条例》

1.《农药管理条例》的颁布和实施

1997年5月8日，国务院颁布实施了《农药管理条例》（以下简称《条例》）。对农药登记、生产、经营、使用以及监督管理、行政处罚等方面全面系统地作出了法律规范，是我国第一部明确农药管理责、权关系的行政法规。该条例的制定主要是为了加强对农药生产、经营和使用的监督管理，保证农药质量，保护农业、林业生产和生态环境，维护人畜安全。《条例》的颁布实施，标志着我国农药管理工作步入法制化、规范化的轨道，是我国农药管理史上的一件大事。《条例》颁布实施以来，农业部颁布实施了《农药管理条例实施办法》；全国大部分省、自治区、直辖市也相继出台了与《条例》配套的地方法规或规章，使《条例》的可操作性更强。为了适应“入世”的要求，国务院对《条例》进行了修改，并于2001年11月颁布实施。新修改的《条例》增加了农药知识产权保护的内容，加大了对农药违法行为的处罚力度，共有总则、农药登记、农药生产、农药使用等8章49条。

2.《农药管理条例》的应用

农药是重要的农业生产资料。《条例》规定：生产（包括原药生产、制剂加工和分装）农药和进口农药，必须进行登记。国内首次生产的农药和首次进口的农药的登记，按照下列3个阶段进行：

（1）田间试验阶段。申请登记的农药，由其研制者提出田间试验申请，经批准，方可进行田间试验；田间试验阶段的农药不得销售。

（2）临时登记阶段。田间试验后，需要进行田间试验示范、试销的农药以及在特殊情况下需要使用的农药，由其生产者申请临时登记，经国务院农业行政主管部门发给农药临时登记证后，方可在规定的范围内进行田间试验示范、试销。

（3）正式登记阶段。经田间试验示范、试销可以作为正式商品流通的农药，由其生产者申请正式登记，经国务院农业行政主管部门发给农药登记证后，方可生产、销售。农药登记证和农药临时登记证规定了登记有效期限；登记有效期限届满，需要继续生产或者继续向中国出售农药产品的，应当在登记有效期限届满前申请续展登记；经正式登记和临时登记的农药，在登记有效期限内改变剂型、含量或者使用范围、使用方法的，应当申请变更登记。

农药登记制度是农药产品进入市场的重要制度，也是加强农药产品进一步优化的重要手段。从1982年开始，我国在借鉴国外先进管理模式的基础上，经过多年实践，已经总结了一套比较先进的农药登记制度，严格农药市场准入。目前已停止了高毒、剧毒农药的登记，自2007年1月1日起，全面禁止在国内销售和使用甲胺磷、对硫磷、甲基对硫磷、久效磷和磷胺5种高毒有机磷农药，促进了我国农药产品结构的调整。为了使广大农药生产者、农药进口者明确农药登记的程序，《条例》规定："申请农药登记时，应当提供农药样品及下列资料：农药的产品化学资料；农药毒理学、药效试验报告；环境影响评价、残留试验报告；标签、标准等其他资料。"

农药是农业生产必需的投入品，它在保证农业生产安全，保障农民增产、增收方面发挥着重要作用，但它也会因其自身的毒性给人民群众的生命安全造成很大威胁。为规范农药经营，《条例》规定，经营农药应当按照国家有关规定办理经营许可证。经营农药的单位和个人应当具备与其经营的农药相适应的技术人员；有与其经营的农药相适应的营业场所、设备、仓储设施、安全防护措施和环境污染防治设施、措施；有与其经营的农药相适应的规章制度；有与其经营的农药相适应的质量管理制度和管理手段等有关法律、行政法规规定的条件，并依法向工商行政管理机关申请领取营业执照后，方可经营农药。农药经营单位购进农药，应当将农药产品与产品标签或者说明书、产品质量合格证核对无误，并进行质量检验。禁止收购、销售无农药登记证或者农药临时登记证、无农药生产许可证或者农药生产批准文件、无产品质量标准和产品质量合格证以及检验不合格的农药。农药经营单位应当向使用农药的单位和个人正确说明农药的用途、使用方法、用量、中毒急救措施和注意事项。对超过产品质量保证期限的农药产品，《条例》规定超期产品需经省级以上人民政府农业行政主管部门所属的农药检定机构检验，符合标准的，可以在规定期限内销售。但是，必须注明“过期农药”字样，并附有使用方法和用量。经营假农药、劣质农药的，依照刑法关于销售伪劣产品罪或者销售伪劣农药罪的规定，依法追究刑事责任；尚不够刑事处罚的，由农业行政主管部门或者法律、行政法规规定的其他有关部门没收假农药、劣质农药和违法所得，并处违法所得1倍以上10倍以下的罚款；没有违法所得的，并处10万元以下的罚款。

为最大限度地降低农药使用对农产品和生态环境造成的危害，《条例》规定：县级以上各级人民政府农业行政主管部门应当根据“预防为主，综合防治”的植保方针，组织推广安全、高效农药，开展培训活动，提高农民施药技术水平，并做好病虫害预测预报工作。应当加强对安全、合理使用农药的指导，根据本地区农业病、虫、草、鼠害发生情况，制定农药轮换使用规划，有计划地轮换使用农药，减缓病、虫、草、鼠的抗药性，提高防治效果。使用农药应当遵守农药防毒规程，正确配药、施药，做好废弃物处理和安全防护工作，防止农药污染环境和农药中毒事故。应当遵守国家有关农药安全、合理使用的规定，按照规定的用药量、用药次数、用药方法和安全间隔期施药，防止污染农副产品。剧毒、高毒农药不得用于防治卫生害虫，不得用于蔬菜、瓜果、茶叶和中草药材。

《条例》规定：国务院农业行政主管部门负责全国的农药登记和农药监督管理工作。省、自治区、直辖市人民政府农业行政主管部门负责本行政区域内的农药登记，并负责本行政区域内的农药监督管理工作。县级人民政府和设区的市、自治州人民政府的农业行政主管部门负责本行政区域内的农药监督管理工作。自《条例》颁布实施以来，各地农业行政管理部门认真履行《条例》赋予的农药行政执法职责，在开展宣传培训、制定配套法规、加强队伍建设、净化农药市场、保护农业生产等方面，做了大量工作并取得了可喜成绩，突出表现在农药产品的登记率、农药产品质量和农药标签合格率都有较大幅度的提高，农药市场秩序逐年好转，农民科学用药水平得到提高，农产品质量安全水平得到提升。《条例》的贯彻实施为我国粮食安全、人畜及环境安全，维护社会稳定发挥了重要保障作用。

单元测试题

单项选择题（下列每题有4个选项，其中只有1个是正确的，请将其代号填在横线空白处）

1.《农业法》中的农业是指________。

A. 种植业　　　　　B. 种植业、养殖业

C. 种植业、林业、畜牧业和渔业

D．农村第一产业、农村第二产业、农村第三产业

2．要求植保员操作技术要规范，结果要准确可靠，在操作过程中要严格操作规程，注意________安全，做到经济、安全、有效，把病、虫等有害生物控制在一定的危害允许水平下，从而提高农作物的产量和质量。

A．作物　B．人　C．天敌、作物　D．人、畜、作物及天敌

3．推广植物保护新技术和农药、药械新品种________。

A．应当事先经过在推广地区试验、示范并证明其具有先进性、适用性和安全性

B．可以直接在推广地区进行推广

C．不可以随意推广

D．经过农业部门同意就可推广

4．从国外引进种子、苗木和其他繁殖材料（国家禁止入境的除外）实行________审批。

A．农业部和省、自治区、直辖市农业主管部门两级

B．农业部

C．省、自治区、直辖市农业主管部门

D．市农业主管部门

5．自2007年1月1日起，全面禁止在国内销售和使用________5种高毒有机磷农药。

A．DDT、对硫磷、久效磷、氧化乐果、磷铵

B．乙酰甲胺磷、对硫磷、甲基对硫磷、久效磷和磷铵

C．甲基异硫磷、对硫磷、甲基对硫磷、久效磷和磷胺

D．甲胺磷、对硫磷、甲基对硫磷、久效磷和磷胺

6．调运出本县前必须经过检疫的是________。

A．种子、苗木和其他繁殖材料　B．列入应施检疫名单的植物、植物产品

C．列入应施检疫名单的植物、植物产品，运出发生疫情的县级行政区域前

D．面粉、大米

7．使用农药应当遵守国家有关规定，鼓励农业生产经营组织和农业生产者使用________。

A．生物农药　B．高效、低毒、低残留农药

C．安全、高效、经济的农药　D．见效快、防效好的剧毒、高毒农药

单元测试题答案

单项选择题

1．C　2．D　3．A　4．C　5．D　6．A　7．B

预测预报

❐ 第一节　农作物害虫基础知识 /16
❐ 第二节　农作物病害基础知识 /33
❐ 第三节　农作物病虫害调查与测报基础知识 /58
❐ 第四节　预测预报及田间调查 /62

第一节　农作物害虫基础知识

→ 掌握认识昆虫的技术，了解不同虫期昆虫的特点和生活习性。

一、昆虫的外部形态

昆虫的体躯分头、胸、腹 3 部分，各部分有不同的附肢（以蝗虫为例，见图 2—1）。

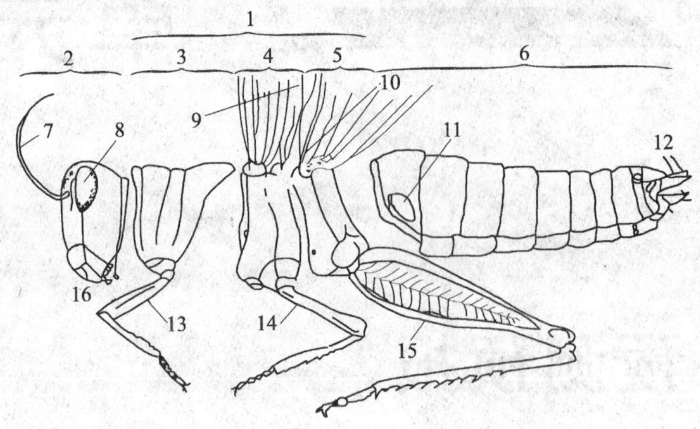

图 2—1　蝗虫体躯侧面

1—胸部　2—头部　3—前胸　4—中胸　5—后胸　6—腹部　7—触角　8—复眼　9—前翅　10—后翅　11—腹听器　12—产卵器　13—前足　14—中足　15—后足　16—口器

1. 昆虫的头部

昆虫的头部具有主要的感觉器官，如触角、复眼和单眼，还有取食物的口器，所以头部是昆虫的感觉和取食中心。

（1）触角。昆虫中除少数种类外，头部都具有触角 1 对，位于额的两侧，其上着生许多感觉器，主要功能是嗅觉和触觉，可以帮助昆虫找到食物和异性，是传递信息的主要器官。触角是由许多可以活动的环节组成，基部 1 节称柄节，第 2 节称梗节，这两节内部都有肌肉着生，以后许多节内部均无肌肉着生，总称为鞭节（见图 2—2）。

触角的类型：触角的形状由于昆虫的种类和性别不同，变化很大，常作为识别昆虫种类和区分性别的主要依据。常见的昆虫触角有以下几种类型（见图 2—3）。

1）栉齿状。除基部 1、2 节外，其余各节向一侧突出 1 对细枝状者称单栉齿，如某些叩头虫。如每节向两侧各伸出 1 对细枝状者称双栉齿。

2）丝状或线状。细长，每节呈圆筒形，除基部 2、3 节略大外，其余各节大小略相等。如一些雌性蛾类。

3）球杆状。基部各节细长，末端几节膨大。如蝶类。

4）羽毛状。触角各节有 2 对细枝状向两侧延伸。如某些雄性蛾类。

5）念珠状。各节呈圆球形，大小相似。如白蚁。

图 2—2 触角的构造

1—柄节 2—梗节 3—鞭节

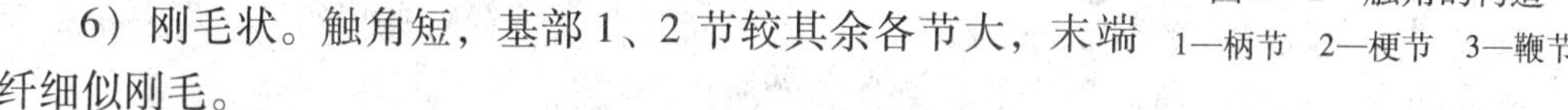

6）刚毛状。触角短，基部 1、2 节较其余各节大，末端纤细似刚毛。

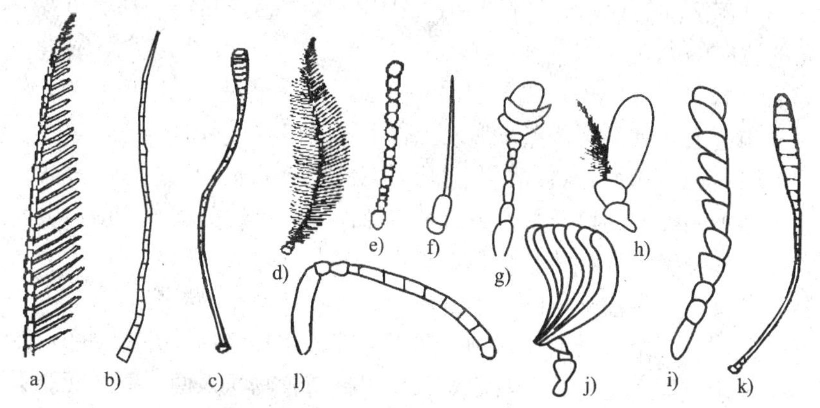

图 2—3 触角的类型

a）栉齿状 b）丝状或线状 c）球杆状 d）羽毛状 e）念珠状 f）刚毛状 g）锤状 h）具芒状 i）锯齿状 j）鳃片状 k）棍棒状 l）膝状或肘状

7）锤状。基部短小，末端数节突然膨大似锤。如小囊虫。

8）具芒状。触角短，2、3 节膨大，呈圆筒形，其余各节成刚毛状。如蝇类。

9）锯齿状。各节一侧向外突出，如锯齿。如吉丁虫。

10）鳃片状。基部各节正常，末端几节扩展成薄片状，叠合在一起似鱼鳃。如金龟子。

11）棍棒状。基部各节细长，端部各节逐渐变粗似棍棒。如一些甲虫。

12）膝状或肘状。柄节特长，梗节较小，柄节与梗节及鞭节弯曲似膝。如蚁、胡蜂。

（2）单眼和复眼。眼是昆虫的视觉器官，在栖息、取食、繁殖、避敌、决定行动方向等各种活动中起着很重要的作用。

昆虫的眼有两种，一种叫复眼，一对，位于头的两侧，是由许多小眼集合而成，外形较大，是昆虫的主要视觉器官。另一种叫单眼，通常有 3 个，呈三角形排列于头顶上复眼之间，但有的只有 2 个或者没有。单眼只能分辨光线的强弱和方向，不能看清物体本身的形状。

昆虫一般只是对近距离的物体具有较强的分辨能力，如蝶类只能辨明 1 ~ 1.5 m 的物体。

昆虫对颜色的分辨能力与产卵地点、取食植物有密切关系。很多昆虫都表现出一定的趋绿性或趋黄反应。如蚜虫在飞翔活动中，往往选择在黄色的物体上降落。利用黄盘或黄色粘虫板诱蚜，就是这个道理。

昆虫对于紫外线光波有较强的感应力，这种光波在人眼看来是暗的但对许多昆虫却是一种最明亮的光线，所以黑光灯具有强大的诱虫作用。

昆虫按照日夜活动的规律分为日出性和夜出性两大类，此外还有中间类型，其实质是昆虫对光的适应的表现。

（3）口器。口器是昆虫的取食器官，由于昆虫的种类、食性和取食方式不同，其口器在外形和构造上各有不同特点，形成各种不同的口器类型。

1）咀嚼式口器。这种口器在演化上是最原始的，各部分构造比较完整，是典型的口器构造，其他不同类型的口器都是由这种口器演化而成的。基本上由上唇、上颚、下颚、下唇和舌五部分组成（以蝗虫为例，见图 2—4）。

①上唇。是悬在头壳前下方的 1 个薄片，具有味觉功能的器官。

②上颚。是左右两个坚硬的齿状物，用以磨碎、切断食物，并有御敌功能。

③下颚。位于上颚的后方，左右成对，用以握持食物送入两上颚之间。下颚通常还有 1 个分节的下颚须，是感觉器官，有感触食物的功能。

④下唇。构成口器的底部，其构造与下颚相似，但已合并成 1 个愈合体，两侧具有 l 对分节的下唇须，其主要功能是托持食物和感觉作用。

⑤舌。为一袋形构造，位于口腔中央，在基部有唾腺开口，唾液由此流出并与食物混合。

2）刺吸式口器。这类口器能刺入动物或植物的组织内吸取血液及细胞液，如蝽象、蚜虫、介壳虫等。其构造特点是：上唇很短，是呈三角形的小片；下唇长而粗，延长成喙，有保护口器的作用；上颚与下颚变成细长的口针包在喙里面，两个颚口针相互嵌接组成食物道和唾液道（以蝉为例，见图 2—5）。取食时循着唾液道将唾液注入植物组织内，经初步消化，再由食物道吸取植物的营养物质进入体内。

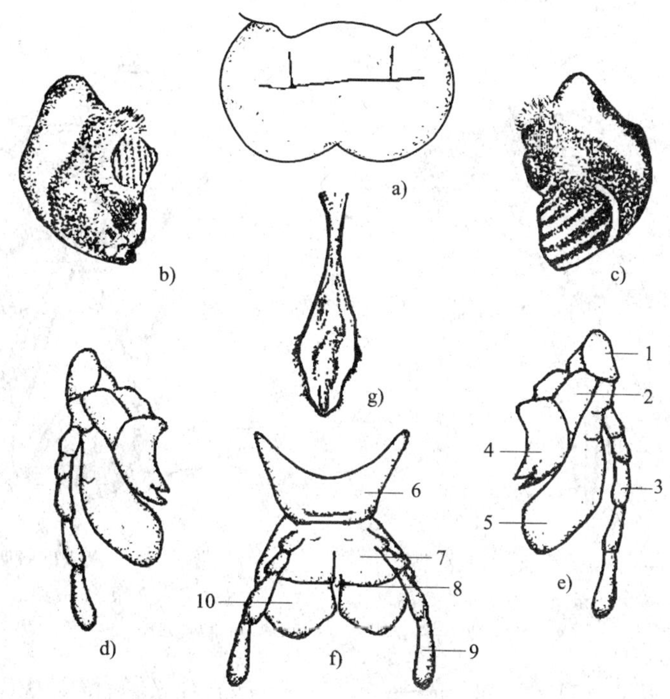

图 2—4 蝗虫的咀嚼式口器

a）上唇 b）、c）上颚 d）、e）下颚 f）下唇 g）舌

1—轴节 2—茎节 3—下颚须 4—内颚叶 5—外颚叶 6—亚颏

7—颏 8—中唇舌 9—下唇须 10—侧唇舌

3）虹吸式口器。如蝶、蛾类成虫的口器。上唇和上颚完全退化，下唇呈片状，着生发达的唇须，下颚十分发达，变成螺旋状卷曲的喙，内部形成 1 个细长的食物管道，用以吸食液体的食料（以夜蛾为例，见图 2—6）。

此外还有蜂类的嚼吸式、蝇类的舐吸式、蓟马的锉吸式、蝇类幼虫的口钩等多种类型的口器。

2. 昆虫的胸部

胸部是昆虫的第二体段，位于头部之后。胸部着生足和翅，是运动的中心。

（1）基本构造。胸部由 3 节组成，依次称为前胸、中胸和后胸。每个胸节下方各着生 1 对胸足，前胸上的为前足，中胸上的为中足，后胸上的为后足。中胸和后胸背面两侧通常各着生 1 对翅，中胸上的称为前翅，后胸上的称为后翅。所以中后胸又称具翅胸节。胸部的每一个胸节都是由 4 块骨板构成的。背面的称背板，左右两侧的称侧板，下面的称腹板。骨板的名称按其所在胸节而命名，如前胸的背板称前胸背板，中胸的称

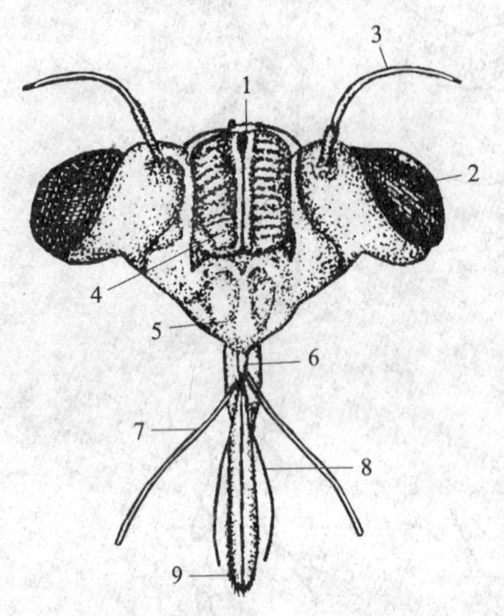

图 2—5　蝉的刺吸式口器

1—单眼　2—复眼　3—触角　4—唇基　5—前唇基　6—上唇　7—上颚　8—下颚　9—下唇

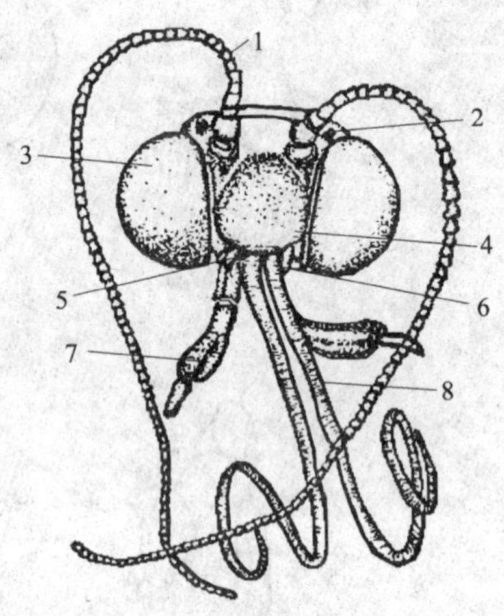

图 2—6　夜蛾的虹吸式口器

1—触角　2—单眼　3—复眼　4—额　5—唇基　6—上唇侧基突　7—下唇须　8—喙管（下颚）

中胸背板等。各板又被若干沟划分成一些骨片，这些骨片又各有其名称，如前胸背板的后方常合 1 块小形的骨片称为小盾片（属于中胸），其形状、大小、色泽常作为辨识昆虫种类的依据（见图 2—7）。

（2）胸足的构造和类型。昆虫的足是胸部的附肢，着生在胸部每节两侧下方。

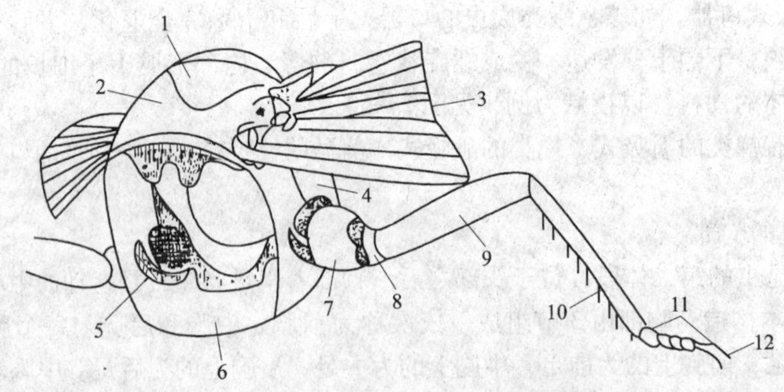

图 2—7　具翅胸节和足的构造图解

1—小盾片　2—背板　3—翅　4—侧板　5—基节窝　6—腹板　7—基节　8—转节　9—腿节　10—胫节　11—跗节　12—爪

1）胸足的构造

①基节。是最基部的一节，短而粗。

②转节。基部第2节，常为最小的一节，极少数昆虫的转节分为2节，如蜂类。

③腿节。长而大，通常是最大的一节，在能跳跃的昆虫中，腿节特别发达，如蝗虫。

④胫节。通常细而长，与腿节呈膝状弯曲，常具刺，端部常有能活动的距。

⑤跗节。这是末端的几个小节，常由1～5个小节组成，端部常生有1对爪和1个中垫，用以握持和附着物体。有些昆虫的中垫消失而具有刺状或刚毛状的爪间突，有时在两爪下面还有爪垫（见图2—8）。跗节的中垫和爪垫都具有感觉器，那里的皮肤很薄，所以害虫在喷布有药剂的地方爬行时，易中毒死亡。

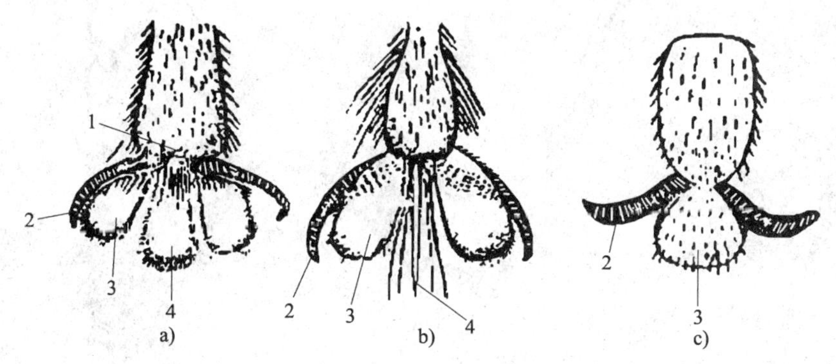

图2—8 昆虫足的跗节末端结构

a）牛虻科昆虫 b）盗蝇科昆虫 c）美洲蜚蠊

1—掣爪片 2—侧爪 3—爪垫 4—爪间突

2）胸足的类型。昆虫的3对足主要用来行走，活动起来非常灵活，但由于各种昆虫的生活环境和生活方式不同，它们足的形状和构造又发生了很大变化，适于爬、跳、抱、捕、挖、携、游等多种运动方式。昆虫足的类型大致分为7种（见图2—9）。

（3）翅的构造和类型。昆虫是唯一具翅的无脊椎动物。昆虫的翅由胸部背板延伸演化而来。昆虫获得了翅以后，大大地扩大了它们的活动与分布范围，从而有利于它们的觅食、求偶和避敌等活动，对昆虫的发展有着极其重要的意义。

1）翅的基本构造。翅一般呈三角形，前面的一边称前缘，后面的一边称后缘，两者之间的一边称外缘。前缘与胸部之间的角为肩角或基角，前缘与外缘之间的角称为顶角，外缘与后缘之间的角为臀角。翅面还有一些褶线将翅面划分成3～4个小区（见图2—10）

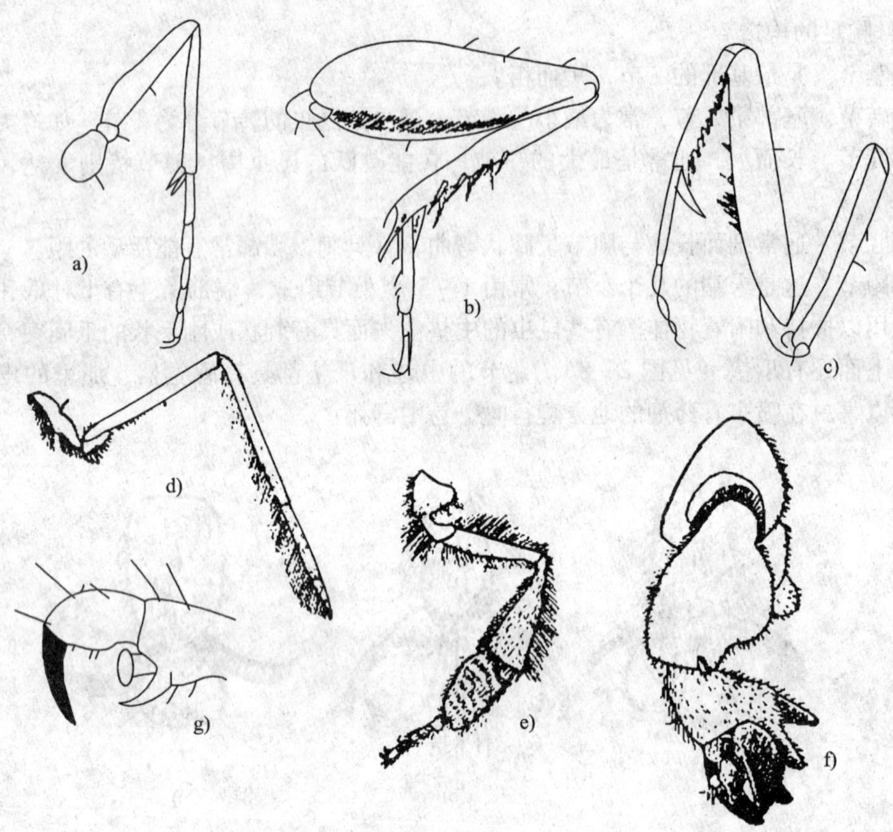

图 2—9　昆虫足的类型

a）步行足　b）跳跃足　c）捕捉足　d）游泳足　e）携粉足　f）开掘足　g）攀援足

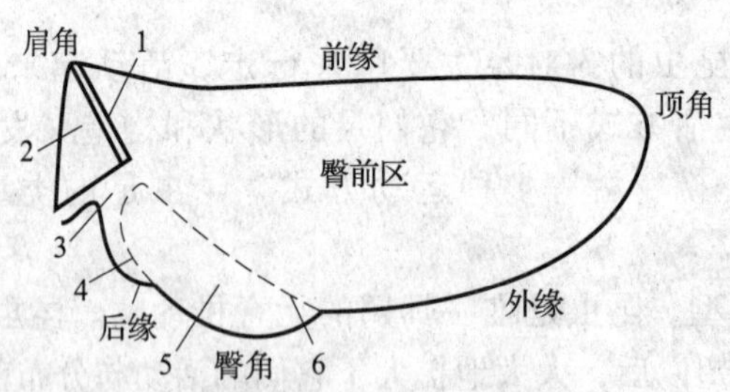

图 2—10　昆虫翅的分区图解

1—基褶　2—腋区　3—轭区　4—轭褶　5—臀区　6—臀褶

2）翅的类型。按翅的形状、质地和被覆物，可将昆虫的翅分成以下几种类型（见图 2—11）：

①膜翅。翅膜质，薄而透明，翅脉明显可见。

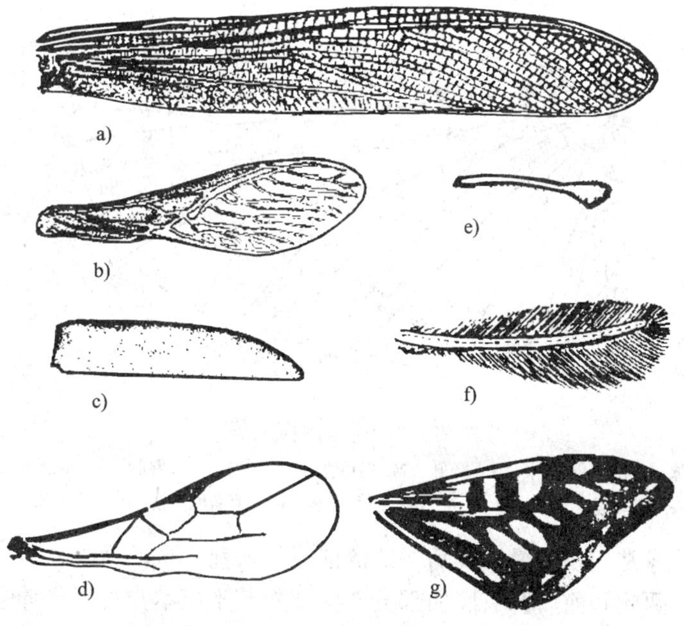

图 2—11　昆虫翅的类型

a）复翅　b）半鞘翅　c）鞘翅　d）膜翅　e）平衡棒　f）缨翅　g）鳞翅

②复翅。翅质地坚硬如皮革，多不透明或半透明，有翅脉。

③鞘翅。翅质地坚硬如角质，不用于飞行，用于保护背部和后翅。

④半鞘翅。基半部为皮革质，端半部为膜质，有翅脉。

⑤鳞翅。翅膜质，翅上密被鳞片，外观不透明。

⑥缨翅。前后翅狭长，翅脉退化，翅膜质，边缘上着生细长缨毛。

⑦平衡棒。某些昆虫的后翅退化成很小的棒状构造，飞翔时用以平衡身体。

3）翅脉和翅序。昆虫的翅一般为膜质，具有很多起着骨架作用的翅脉。翅脉的排列状况称为脉序，它是鉴别各类昆虫的重要依据。不同种类的昆虫，其翅脉多少和分布形式差异很大，为了便于比较研究，人们对现代昆虫和古代化石昆虫的翅脉加以分析、比较，归纳、概括为模式脉序，或称标准脉序，作为人们比较各种昆虫翅脉变化的科学标准（见图 2—12）。

3．昆虫的腹部

腹部是体躯的第 3 体段，前面与胸部相连，是昆虫新陈代谢和生殖的中心。

（1）基本构造。腹部除末端几节具有尾须和外生殖器外，一般没有附肢。通常由 9 ~ 11 节组成，第 1 ~ 8 腹节两侧常具有气门 1 对。腹节具背板和腹板，两侧只有膜质的侧膜，不像胸部有发达的侧板。由于腹节背板常向下伸，侧膜往往被背板所遮盖。相

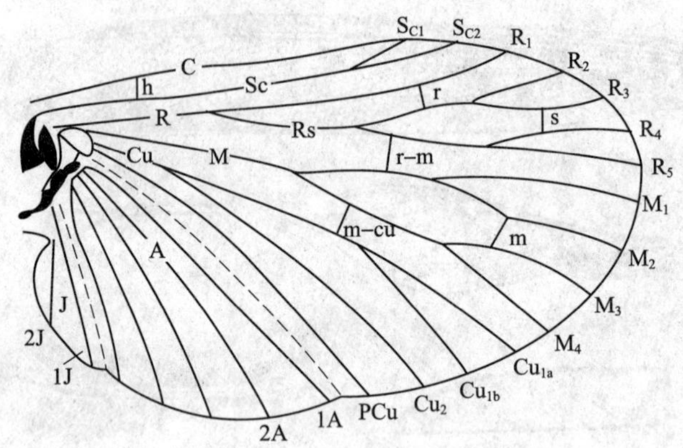

图 2—12　昆虫的模式脉序

C. 前缘脉　S_c. 亚前缘脉　R. 径脉　M. 中脉　Cu. 肘脉　A. 臀脉　J. 轭脉　h. 肩横脉
r. 径横脉　S. 分横脉　r－m. 径中横脉　m. 中横脉　m－cu. 中肘横脉

邻两腹节的前后缘常互相套叠，即后一节的前缘套入前一节的后缘，节与节间有节间膜相连。由于腹节两侧和前后都有膜质部分，因此腹节不仅本身可以作伸缩运动，而且整个腹部也有很大的伸缩性。这种伸缩运动有助于昆虫的呼吸、交配、产卵和施放性外激素等活动。

（2）腹部的附肢。腹部的末端着生外生殖器。有些昆虫在腹部末端着生 1 对尾须。鳞翅目和膜翅目叶蜂类的幼虫，腹部还具有腹足。

1）雌性外生殖器。雌性外生殖器也就是产卵器，位于腹部第 8、9 节的腹面，由 3 对产卵瓣组成，第 1 对称腹产卵瓣，第 2 对和第 3 对称为内产卵瓣和背产卵瓣。生殖孔开口于第 8、9 腹节之间的腹面（见图 2—13）。一般昆虫的产卵器由其中两对产卵瓣组成（另一对退化），如蝗虫的产卵器由背产卵瓣、腹产卵瓣组成（见图 2—14）；蝉类的产卵管由腹产卵瓣、内产卵瓣形成，可刺破树木枝条将卵产入植物组织，造成皮层破裂；蛾、蝶、甲虫等多种昆虫没有产卵瓣，只能将卵产在裸露处。根据产卵器的形状和构造，可以了解害虫的产卵方式和产卵习性，从而采取有针对性的防治措施。

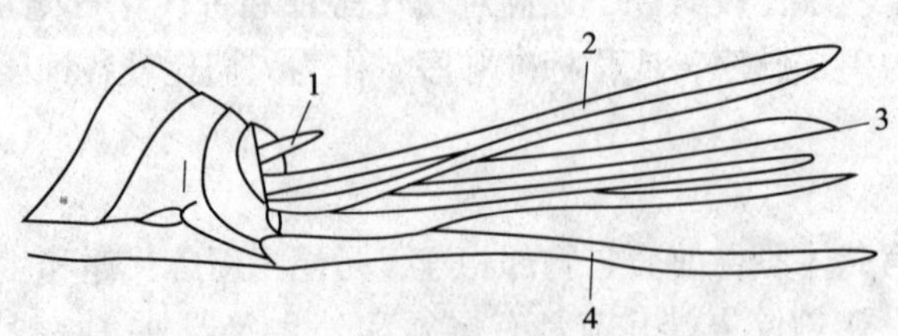

图 2—13　雌性外生殖器的基本构造

1—尾须　2—背产卵瓣　3—内产卵瓣　4—腹产卵瓣

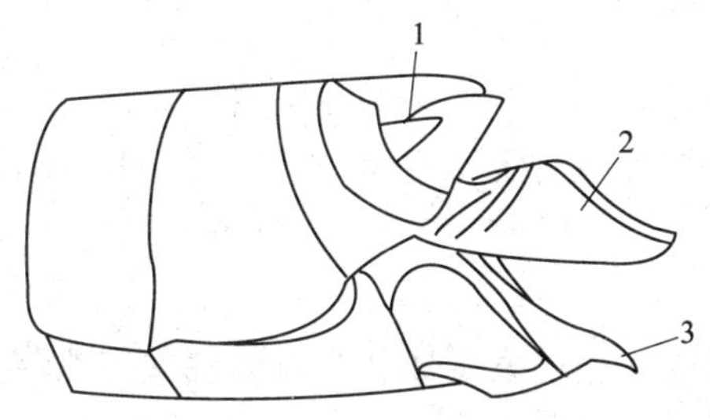

图 2—14　蝗虫雌性外生殖器

1—尾须　2—背产卵瓣　3—腹产卵瓣

2）雄性外生殖器（交配器）。交配器主要包括阳具和抱握器。阳具由阳茎及其辅助构造所组成，着生在第 9 腹节腹板后方的节间膜上，此膜内陷为生殖腔，阳具就隐藏在腔内。阳茎多为管状，射精管开口在阳茎的顶端。交配时借血液的压力和肌肉活动，能把阳茎伸入雌虫阴道内，把精液排入雌虫体内（见图 2—15）。

交配器的构造比较复杂，具有种的特异性，以保证自然界昆虫不能进行种间杂交，在昆虫分类上常用作种和近缘类群鉴定的重要特征。了解雌雄虫外生殖器的不同构造，一方面可用以鉴别昆虫的性别，另一方面可以用外生殖器，特别是雄虫的外生殖器鉴别近缘种类。

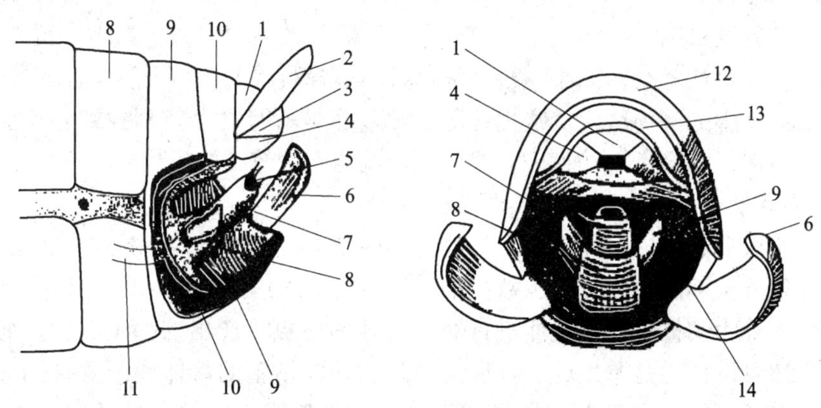

图 2—15　雄性外生殖器的基本构造

a）侧面观　b）后面观

1—肛上板　2—尾须　3—肛门　4—肛侧板　5—射精孔　6—抱握器　7—阳茎　8—阳茎基　9—阳基侧叶　10—下生殖板　11—射精管　12—Ⅸ背板　13—Ⅹ背板　14—生殖腔

二、昆虫的繁殖

昆虫繁殖的特点主要表现在：繁殖方式的多样化、繁殖力大、生活史短和所需的营养少。昆虫的繁殖方式常见的有下列几种：

1．两性生殖（卵生）

绝大多数的昆虫是两性生殖、卵生。两性生殖需要经过雌雄交配，雄性个体产生的精子与雌性个体产生的卵结合受精后，由雌虫将受精卵产出体外，卵经孵化成为新个体。

2．孤雌生殖

在昆虫中，卵不经过受精就能发育成新个体的现象称孤雌生殖。昆虫的孤雌生殖大致可分为以下三种类型：

（1）偶发性孤雌生殖。即在正常情况下进行两性生殖，但偶尔可能出现卵不受精发育成新个体的现象，如蛾类中的家蚕。

（2）经常性孤雌生殖。如蜜蜂，雌蜂在排卵的时候并非所有的卵都是受精的。在这种情况下，受精卵发育成雌蜂，非受精卵发育成雄蜂。

（3）周期性孤雌生殖。即孤雌生殖和两性生殖随季节的变迁而交替进行，特称为世代交替，蚜虫是最典型的例子。很多蚜虫只在冬季将要来临的时候才产生雄蚜，进行雌雄交配，产受精卵越冬；而从春季到秋季连续十余代都以孤雌生殖繁殖后代，在这段时期几乎没有雄蚜。蚜虫在孤雌生殖时（产性蚜时除外），它的后代都是雌的，经两性交配后的卵到第二年也都发育成雌蚜（干母），唯有产性蚜时才出现雄蚜。

3．多胚生殖

多胚生殖即昆虫以一个卵产生 2 个或更多个胚胎的生殖方法。这种生殖方法常见于膜翅目的一些寄生性蜂类，如小蜂科、细蜂科、姬蜂科等的一部分种类。多胚生殖可以看作是对活物寄生的一种适应。寄生性昆虫常常不是所有的个体都找到它相应的寄主。多胚生殖可以保证其繁衍成功，一旦找到寄主就能产生较多的后代。

4．胎生和幼体生殖

昆虫的绝大多数是进行卵生的，但也有一些昆虫可以从母体直接产生出幼虫或若虫来，这种生殖方法称胎生。另有少数昆虫在母体内尚未达到成虫阶段，还处于幼虫期时就进行生殖，称为幼体生殖。凡能进行幼体生殖的昆虫，产出的都不是卵，而是幼虫，所以幼体生殖可以认为是胎生的一种形式。既然幼体生殖的母体尚未发育到成虫阶段，当然也谈不到两性交配。所以幼体生殖又可看成是孤雌生殖的一种类型。某些胎生昆虫，胚胎发育所需要的营养仍然由卵供应，不需要母体另外供给营养，而它的整个胚胎发育期是在母体内完成的，卵就在母体内孵化，孵化出来不久的幼虫（或若虫）就被产出。这种胎生，从胚胎营养来源说，同卵生没有多大区别，所以特称为卵胎生。介壳虫、蓟马、家蝇等昆虫均有进行卵胎生的现象。此外，有些胎生昆虫，如蚜虫有时卵既无卵黄也无卵壳，完全依靠一种称为胎盘的构造从母体中吸取营养，这种胎生称为胎盘营养胎生。另外还有腺营养胎生（如舌蝇属）和血腔营养胎生（即幼体生殖的一些种类）等类型。

三、昆虫各虫期生命活动的特点

1．卵期

卵期是昆虫胚胎发育的时期，也是个体发育的第一阶段。昆虫的生命活动是从卵开始的，卵自产下后到孵出幼虫（若虫）所经过的时间称为卵期。

（1）卵的形态结构。昆虫的卵是一个大型细胞，最外面有一层坚硬的卵壳，表面常具有特殊的刻纹，卵壳下有一层薄膜，称为卵黄膜，膜内包藏有大量的营养物质，即原生质和卵黄。在卵黄和原生质的中央有细胞核，又称卵核。卵的前端卵壳上有一至数个小孔，称为精孔，是精子进入卵内进行受精的通道。

（2）卵的大小、形状。昆虫的卵通常都很小，一般农业害虫的卵大小在0.5～2 mm之间；最小的如寄生蜂的卵只有0.02 mm左右；较大的如蝗虫的卵为6～7 mm。卵的形状因种类而异，常见的有球形（如甲虫）、半球形（如夜蛾类）、长卵形（如蝗虫）、篓形（如棉金刚钻）、馒头形（如棉铃虫）、肾形（如棉蓟马）、桶形（如稻蝽象）等。草蛉的卵有很长的丝状卵柄，夜蛾的卵壳上有各种放射状的纵纹和横纹（见图2—16）。

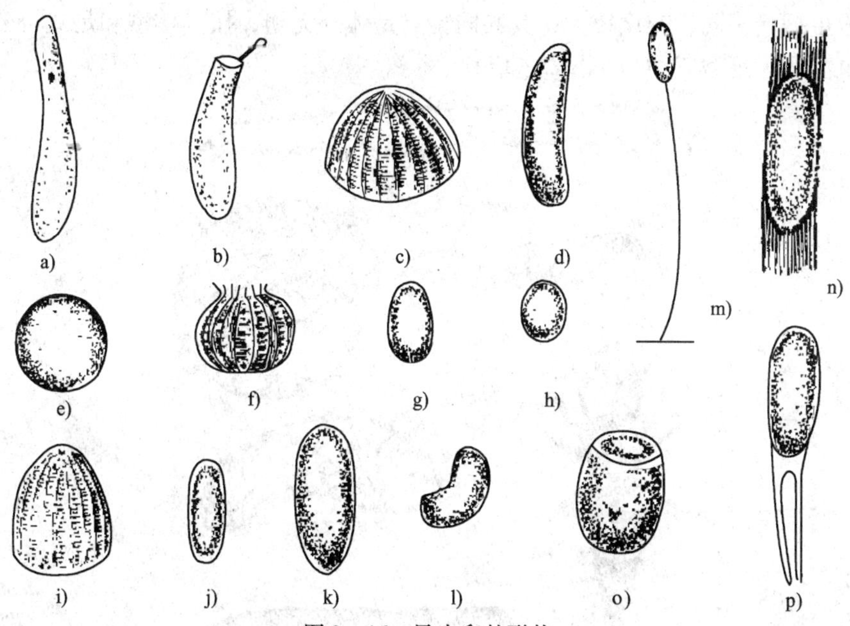

图2—16　昆虫卵的形状

a）长茄形（飞虱）　b）袋形（三点盲蝽）　c）半球形（小地老虎）　d）长卵形　e）球形（甘薯天蛾）　f）篓形（棉金刚钻）　g）椭圆形（蝼蛄）　h）椭圆形（大黑金龟子）　i）馒头形（棉铃虫）　j）长椭圆形（棉蚜）　k）长椭圆形（壳箐）　l）肾形（棉蓟马）　m）有柄形（草蛉）　n）被有绒毛的椭圆形卵块（三化螟）　o）桶形（稻蝽象）　p）双瓣形（豌豆象）

2. 幼虫期（若虫期）

属全变态的昆虫，自卵孵化为幼虫到变为蛹时所经过的时间，称为幼虫期。幼虫期一般约 15 ~20 天，长的从几个月至 1 ~2 年。属不全变态的昆虫，自卵孵化为若虫到变为成虫时所经过的时间，称为若虫期。

（1）幼虫的生长和蜕皮。从卵孵出的幼虫是很小的，取食后不断增大，当长到一定程度，则由于体壁坚硬，生长受到限制，就必须脱去旧的表皮，同时形成新的表皮，才能继续生长。脱下旧皮，称为蜕皮或脱皮。昆虫在蜕皮前常不食不动，每蜕皮一次，虫体的重量、体积都显著地增大，食量也增加，在形态上也会发生相应的变化。从卵孵化后至第一次蜕皮前称为第一龄幼虫（若虫），以后每蜕皮一次即增加一龄。所以，计算虫龄的方法是蜕皮次数加 1。两次蜕皮之间所经历的时间，称为龄期。例如，第一次蜕皮与第二次蜕皮相隔 5 天，即二龄期为 5 天。在正常情况下，各种昆虫在幼虫（若虫）期经过多少龄，是通过饲养观察而明确的，在获得各龄幼虫的标本后，测定和记录各龄幼虫的头宽和体长，记载体色的变化，以及腹足的发育情况等，以后就可以参考这些资料鉴别幼虫的龄期。其中，头宽是主要的依据。

（2）幼虫的类型。全变态昆虫的幼虫，其虫体构造、体色、形状等外形和生活方式都与成虫截然不同，变化较大，其共同特点是体外无翅，按其体型和足式可分为多足型、寡虫型和无足型三种（见图 2—17）。

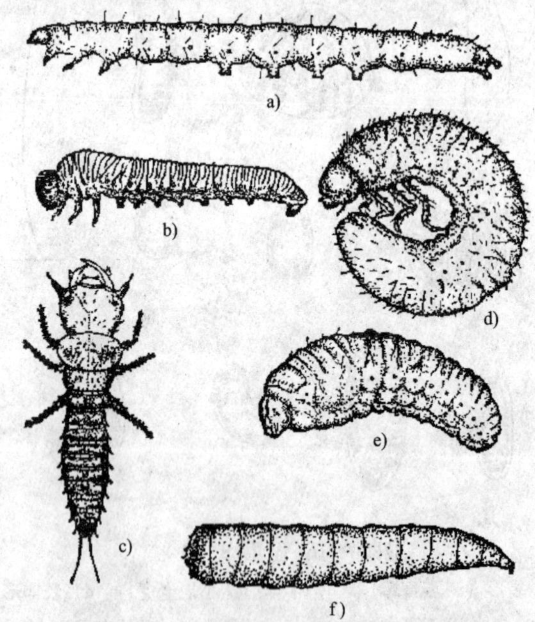

图 2—17　完全变态类幼虫的类型

a）~b）多足型：a）苹褐卷夜蛾；b）叶蜂；c）~d）寡足型：c）步甲；d）蛴螬；e）~f）无足型：e）象甲；f）萝卜蝇蛆

3．蛹期

蛹期是全变态类昆虫特有的发育阶段，也是幼虫转变为成虫的过渡时期。末龄幼虫（常称为老熟幼虫）后期快要变蛹时，先停止取食将消化道内残留物排光，并迁移到适当场所，例如瓢虫类附着在植物枝叶上，玉米螟在玉米茎秆内。这时，幼虫的体躯逐渐缩短，活动减弱，准备化蛹，称为预蛹，所经历的时间称为预蛹期，预蛹脱去最后一次皮变成蛹的过程，称为化蛹。

大多数种类的蛹，在表面上大致可以辨认出成虫期的形态和外部器官。初化蛹时，体壁柔软而多呈乳白色，以后体壁变硬而出现特有的颜色。按照蛹的形态特征，可分为离蛹、被蛹、围蛹三种类型（见图2—18）。

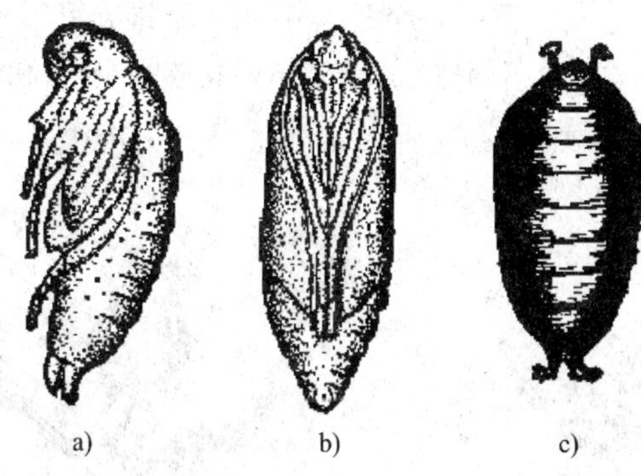

图2—18　完全变态类蛹的类型

a）离蛹　b）被蛹　c）围蛹

4．成虫期

不全变态昆虫末龄若虫蜕皮变为成虫或全变态昆虫的蛹由蛹壳破裂变为成虫，都称为羽化。成虫从羽化起直到死亡所经历的时间，称为成虫期。成虫期是昆虫个体发育过程的最后一个阶段，也是交配、产卵、繁殖后代的生殖时期。初羽化的成虫，体壁还未硬化，身体较柔软而色浅，翅短而厚。随后，成虫吸入空气并借肌肉收缩和血液流向翅内，借血液的压力，使翅伸展，待翅和体壁硬化以后，即能飞翔。

（1）性成熟。有些昆虫，羽化为成虫时性器官已发育完全，并具有成熟的精子或卵子，短期内即可进行交配和产卵，这类昆虫在幼虫期已摄取了足够的营养，在成虫期一般不取食，甚至有的口器有退化或残留痕迹。这类昆虫寿命往往也较短，雌虫产卵后不久即死亡，如螟蛾类。有些昆虫，羽化后生殖器官还未发育完全，必须继续取食营养，经过一段时间，生殖器官逐渐发育成熟后，才能交配和产卵。这种成虫期对性成熟不可缺少的取食，称为补充营养。这类昆虫的成虫寿命较长，如成虫是植食性的，其为害性也较大，如金龟子、蝗虫、叶甲类等。雌雄成虫从羽化到性成熟开始交配，所经时间称为交配前期。雌成虫从羽化到第一次产卵所经时间，称为产卵前期。如黏虫产卵前期为4~6天，棉红铃虫为3~8天。交配后，雌虫产卵的数量，称为繁殖力。雌雄成虫的比例数，称为性比。在防治农作物害虫上，为把成虫消灭在产卵之前，了解各种害虫的产卵前期是有实际意义的。对于成虫期需要补充营养的昆虫种类，可在其喜食的植物上喷药防治，如地老虎、黏虫等夜蛾，有取食花蜜作为补充营养的习性，可利用糖、醋、酒液进行诱杀。

（2）性二型和多型现象。大多数昆虫雌雄成虫的形态相似，主要区别是生殖器官，称为第一性征。有些昆虫雌雄两性在触角形状、身体大小、颜色及其他形态上有明显的区别，称为第二性征。例如，独角犀、锹形甲的雄虫，头部具有雌虫没有的角状突起或特别发达的上颚（见图2—19）。像这样雌雄两性在形态上有明显差异的现象，又称为性二型或雌雄异型。有些昆虫，在同一个种群中除了雌雄异型以外，在同一性别中还有不同的类型，称为多型现象。多型主要表现在体躯构造、形态和颜色等的不同，例如，蜜蜂在同一巢中有蜂王、雄蜂和工蜂；白蚁在同一巢中，有有生殖能力的蚁后、蚁王和有翅生殖蚁，无生殖能力的工蚁和兵蚁。

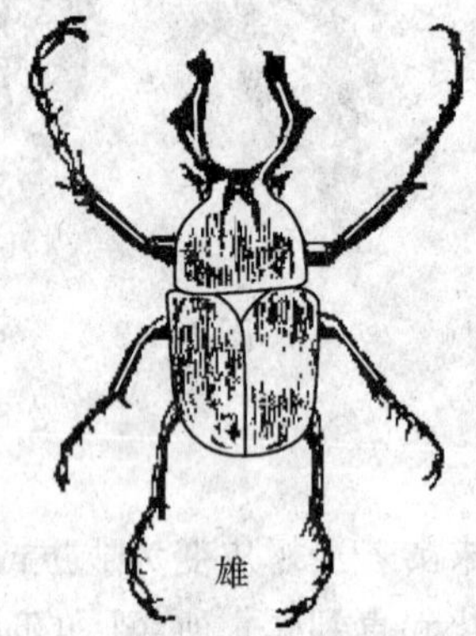

图2—19　锹形甲的性二型现象

四、昆虫的习性

昆虫的习性包括昆虫的活动和行为，是昆虫的生物学特性的重要组成部分。习性是种或种群的生物学特性，所以并不存在一切昆虫所共同具有的习性，但是某一类昆虫所共有的习性却是有的，而且能为人们制定控制害虫的策略提供重要依据。

1. 食性

昆虫在生长发育过程中，需要不断地取食大量有机物质，不同种类的昆虫对食料的要求是不同的，按其取食食物的种类，其食性可分为下列三类：

（1）植食性。以新鲜植物为食，包括为害农作物的各种害虫，根据其食性范围的大小，又可以分为下列三种：

1）单食性。只取食一种作物，如三化螟只为害水稻，豌豆象只为害豌豆，蚕豆象只为害蚕豆，不为害其他植物。这类昆虫在缺少它所喜食的植物时，就难以生存。

2）寡食性。能取食几种植物。一般只取食一科或近缘科内的若干种植物，如二化螟，除为害水稻外，还为害玉米、小麦等禾本科植物；马铃薯瓢甲为害茄科的茄子、洋芋及茄科杂草等。

3）多食性。能取食不同科、属的许多种植物，如玉米螟可为害 40 科、181 属、200 种以上的植物；棉蚜可为害 74 科、285 种的植物。多食性害虫食性范围广，在不同地点和时间都容易获得它所需要的食物，因而对环境适应能力强。

（2）肉食性。肉食性昆虫都以小动物或昆虫为食，其大多数种类是益虫，人们可利用其防治害虫。肉食性昆虫按生活和取食方式不同，又可分为以下两类：

1）捕食性。捕食性昆虫，一般比被它捕食的对象身体大，通常成虫和幼虫都为捕食性，甚至捕食同一种猎物，猎物被捕后立即被咬死或吃掉。捕食性昆虫常为多食性或寡食性，很少是单食性的。在它们一生中，往往要捕食多数猎物才能完成发育。

2）寄生性。寄生性昆虫的身体一般要比寄主小，寄生在一个寄主体上，可发育成一个或更多个体，它的成虫和幼虫食性不一样，只在幼虫期营寄生生活，寄生在寄主的体内或体外，寄生后并不立即杀死寄主，到成虫期才自由生活。

（3）杂食性。杂食性昆虫的食物种类包括动物和植物，常见的杂食性昆虫有蚂蚁、蜚蠊等。

昆虫的食性是自然选择和昆虫本身适应的结果。一般来讲，昆虫取食适宜的食物时，生长发育快，死亡率低，繁殖率高。昆虫的食性并非固定不变的，当外界环境发生变化时，如食料不足或缺乏时，昆虫的食性也会发生相应的变异，除杂食性昆虫外，当昆虫不能取得适宜的食料时，就会被迫取食其他食料，在这种情况下，虽有大量个体由于不能适应新的食料而死亡，但只要有少数个体能保存下来，就能逐渐适应，产生新的食性。

2．趋性

趋性是通过神经活动对外界环境刺激所表现的“趋”“避”行为，这是昆虫在长期系统发育过程中对一定外界条件的适应。按刺激物的性质，趋性可分为以下三类：

（1）趋光性。昆虫通过视觉器官趋向光源而产生的反应行为，称为趋光性，反之则为负趋光性。

（2）趋化性。昆虫通过嗅觉器官对于化学物质的刺激而产生的反应行为，称为趋化性。

（3）趋温性。昆虫是变温动物，没有保持和调节体温的能力，它的体温随所在环境而改变，因此，当环境温度变化时，昆虫就趋向适宜它生活的温度条件，这就是趋温性。

3. 假死性

有些昆虫受到突然的接触或震动时，全身表现出一种反射性的抑制状态，身体卷曲，或从植株上坠落地面，一动不动，片刻才又爬行或起飞，这种特性称为假死性。对具有假死性的害虫，可以用骤然震落的方法加以捕杀。

4. 群集性

大多数昆虫都是分散生活，但也有一些种类，在一定的面积上聚集大量的个体。这种群集现象分为两种：一种是暂时群集，发生在昆虫生活史中的某一段时间；另一种是长期群集，贯穿个体整个生活周期。

5. 社会性

昆虫营“群居”生活，即终年群居一巢过着群体生活，各个体不能脱离群体而独立生活。这类昆虫在群体中有不同类型的个体，各类型个体之间在生理、形态和职能上已有显著分化，在群体中，有较复杂的“社会分工”，表现出社会性。

6. 拟态和保护色

拟态是指一种动物和另一种动物很相像，因而借以保护自己的现象。这是不同种的动物，在自然界都朝着某些在自然选择上有利的特性发展的结果。保护色是指某些动物具有同它的生活环境中的背景相似的颜色，这有利于其躲避捕食性动物的视线而起到保护自己的效果。例如，在草地上的绿色蚱蜢，栖息在树干上翅色灰暗的夜蛾类昆虫。

7. 时辰节律

大多数昆虫在24 h内的活动表现出昼夜节律性，如蛾类夜间活动，蝶类白天飞翔，茶毒蛾成虫在清晨5~7时飞舞交尾，油铜尺蠖在21时至次日临晨5时交尾，交尾前雄蛾分泌性信息激素以引诱雌蛾。这种习性的形成是长期适应的结果，这种活动的节律在排除外界影响后仍表现出一定的稳定性，好像具有时间感觉，故又称其为“生物钟”。

8. 化学通讯

昆虫种内个体间或种间个体间依靠特定化学物质（信息）的传递来达到信息交流的过程，称为化学通讯，也有的称其为昆虫的“化学语言”。昆虫的信息化合物按作用过程可分为下列几类：性信息素、聚集信息素、示踪信息素、报警信息素、益己信息素、益他信息素、协同信息素。

第二节　农作物病害基础知识

→ 认识农作物病害的不同症状类型，掌握识别病害的相关技能

一、植物病害的形成

在整个农业生态系统中，各事物之间存在着错综复杂的相互关系。野生植物与栽培作物，作物与作物，作物的个体与群体，作物的细胞与细胞，作物的地上与地下部分，作物与周围的环境因素，例如阳光、空气、水分、养分、风、雨、温度、湿度以及有益的和有害的生物等，构成了一定的系统，无不在一定的时间、空间和条件下，形成互相连接和互相制约的关系，而一切事物无不按照对立统一的法则发生和发展着。

农作物在长期的自然和人工选择下，形成其种群的生物学特性，对其周围的环境因素有着一定的适应范围，与其他生物种群保持着一定的消长关系。如果环境条件发生剧烈变化，其影响超出该种作物固有的适应限度，作物的正常代谢作用就会遭到干扰和破坏，使其生理功能或组织结构发生一系列的病理变化，以致在形态上呈现病态，这叫做发病。

导致植物形成病害的原因总称为病原，其中有非生物因素和生物因素。非生物因素包括气候、土壤、栽培条件等，例如，土壤水分过少或过多，导致旱或涝；温度过低，导致冻害等。生物因素包括真菌、细菌等多种微生物，它们自身不能制造营养物质，需要从其他有生命的生物或无生命的有机物质中摄取养分才能生存。这种寄生于其他生物的生物称为寄生物。能引起植物病害的寄生物称为病原物。如果寄生物为菌类，可称为病原菌。被寄生的植物称为寄主。

二、植物病害的概念

从植物病害的发生原因、症状和危害性等方面来看，植物病害是指：植物受不良环境条件的影响或病原物的侵害，代谢作用受到干扰和破坏，在生理上或组织结构上产生一系列病理变化，在外部或内部形态上表现出病态，使植物不能正常生长发育甚至局部或整株死亡，最终对农业生产造成损失。植物病害的形成是寄主和病原在外界条件影响下相互作用，经过一系列变化而导致发生病害的过程。

三、侵染性病害和非侵染性病害的识别

根据生物因素和非生物因素引起植物病害的性质，可以分为侵染性病害（也称传染性或寄生性病害）和非侵染性病害（也称非传染性或生理性病害）。

1. 侵染性病害

由病原生物引起的植物病害称为侵染性病害。引起侵染性病害的病原物有真菌、细菌、病毒、类菌原体、线虫及寄生性种子植物等，侵染性病害是可以传染的。当前农业上发生的重要病害，主要是由真菌、细菌、病毒和线虫引起的，其中由真菌引起的病害最多。

2. 非侵染性病害

由不适宜的环境因素引起的植物病害称为非侵染性病害。这类病害是由不良的物理或化学等非生物因素引起的生理性病害，是不能传染的。

植物生长发育需要良好的环境条件，如条件不适宜甚至有害，例如养分不足、缺乏或不均衡；土壤中的盐类过多、过酸或过碱；水分过多、过少或忽多、忽少；湿度过高、过低或忽高、忽低，光照过强或过弱；环境中存在有毒物质或气体，都会影响植物的正常生长发育，导致病害发生。

四、病害的症状和类型

1. 病害的症状

症状是寄主内部发生一系列复杂病变的一种表现。症状包括外部的和内部的两部分。外部症状表现较明显，易为人们所察觉，故常作为诊断病害的一个重要依据。如果外部症状不明显，或者不能依据外部症状作出正确判断，还需要进一步检查植物的内部症状。但通常诊断病害是围绕着病株的外部症状进行的。病害症状仅局限于它本身的外部和内部的病变表现；由病原生物侵染所致的病害，症状除寄主本身发生的外部和内部形态上的病变外，病原生物在寄主上也会有所表现，如病原真菌和细菌在寄主体内吸取营养和生长发育后能在寄主被害部产生它的子实体或特征性结构物。为了准确地诊断病害，症状可再分为两部分：寄主发病后表现不正常状态的，称为病状；病原物在寄主上的特征性表现为病症。真菌和细菌引起的病害，病症比较明显。病毒病害的病原物是在寄主的活细胞内寄生的，没有外部的病症表现。寄生性种子植物在寄主上本身就是一种特征状结构物。非侵染性病害不是病原生物所致，故没有病症。

2. 病状的主要类型

（1）变色（见图 2—20）。变色是指病植株的色泽发生改变。大多出现在病害症状的初期。变色主要发生在叶片上，可以是全株性的，也可以是局部性的。

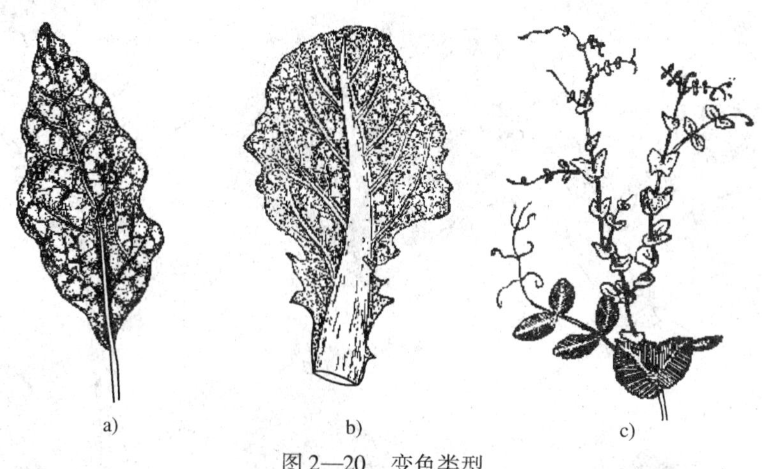

图 2—20　变色类型

a）花叶（番茄病毒病）　b）褪色（白菜病毒病）　c）黄化（豌豆黄顶病）

1）花叶。叶片的叶肉部分呈现浓淡绿色不均匀的斑驳，形状不规则，边缘不明显，如黄瓜花叶病毒病。

2）褪色。叶片呈现均匀褪绿，叶脉褪绿后形成明脉等。缺素病和病毒病都可以发生褪色病状，如白菜病毒病。

3）黄化。叶片均匀褪绿，色泽变黄，如豌豆黄顶病。

4）着色。是指寄主某器官表现不正常的颜色，如叶片变红、花瓣变绿等。

（2）坏死。坏死是寄主被害后其细胞和组织死亡所造成的一种病变。

1）斑点或病斑。主要发生在叶、茎、果等部位上。寄主组织局部受害坏死后，形成各种形状、大小、色泽不同的斑点或病斑。一般具有明显的或不明显的边缘，斑点以褐色的居多，但也有其他色泽，如灰色、黑色、白色等。其形状有圆形、多角形、不规则形等，有时在斑点或病斑上还伴生轮纹或花纹等特征。在病害命名上，常常根据它的明显病症分别称为黑斑、褐斑、轮斑、角斑、条斑等（见图 2—21）。

2）穿孔。病斑部分组织脱落，形成穿孔。

3）枯焦。发生在芽、叶、花等器官上。指早期发生斑点或病斑，随后迅速扩大和相互愈合成块或片，最后使局部或全部组织或器官死亡，如马铃薯晚疫病（见图2—22）。

4）猝倒。指幼苗茎基部出现水浸状黄褐色病斑，随后病斑皱缩变细呈线状，幼苗枯死倒伏，如番茄猝倒病（见图 2—23）。

5）立枯。指幼苗的根或茎基部与地面接触处腐烂，全株枯死，病苗多不倒伏。本病多发生在幼苗生长后期阶段，如茄立枯病（见图 2—24）。

6）青枯。病株全株或局部迅速萎蔫，病株叶片色泽略淡，一般不发黄，故名青枯。发病初期，病叶萎蔫现象早晚可恢复正常，但过数日后即枯死。如将距地面较近的

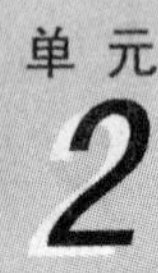

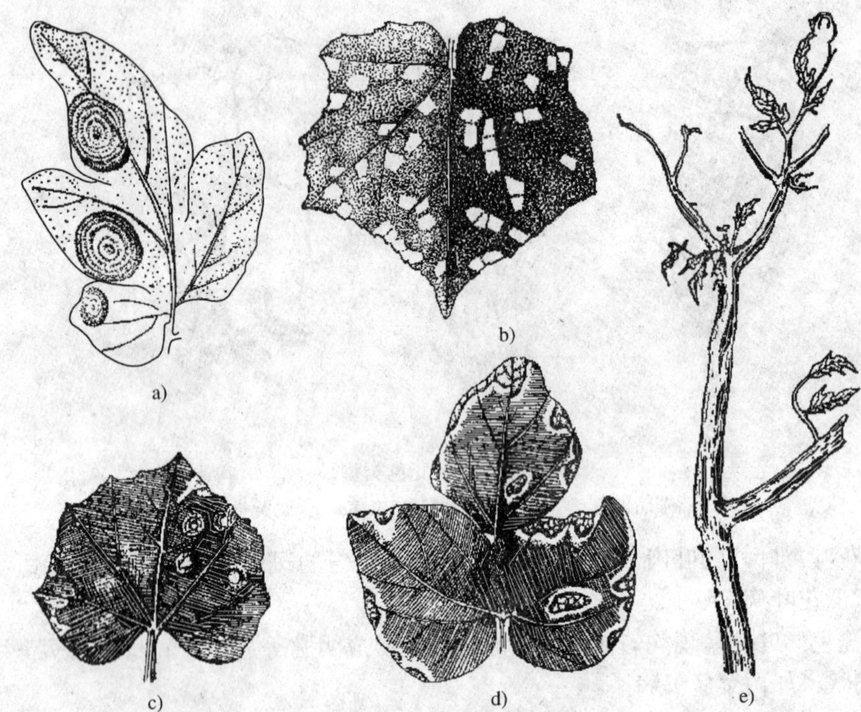

图 2—21　斑点或病斑类型

a）轮斑（番茄早疫病）　b）角斑（黄瓜霜霉病）　c）圆斑（黄瓜炭疽病）

d）不规则斑（菜豆细菌性疫病）　e）条斑（番茄条纹病毒病）

图 2—22　马铃薯晚疫病（枯焦）

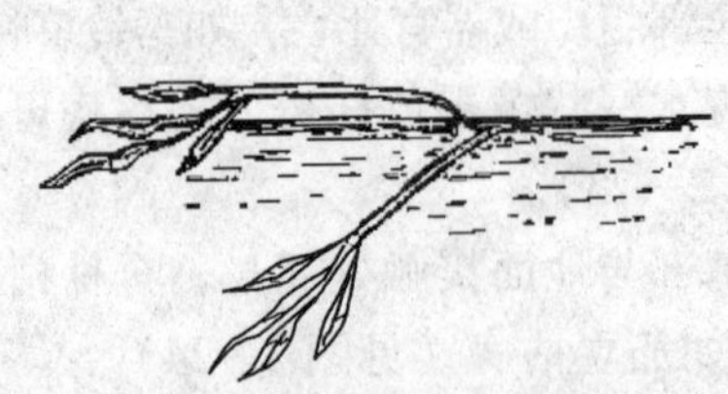

图 2—23　番茄猝倒病（猝倒）

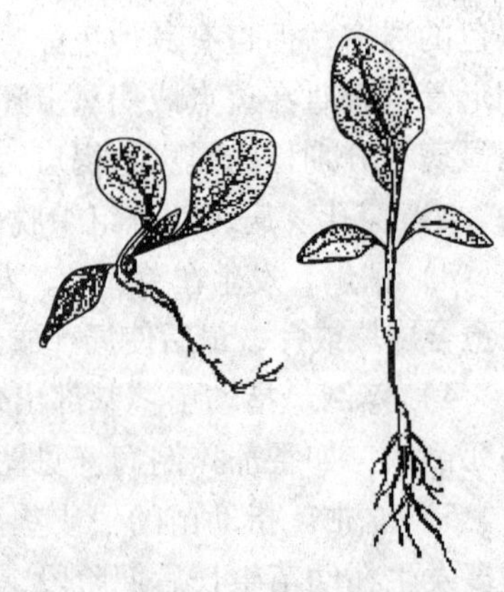

图 2—24　茄立枯病（立枯）

茎基部作横切面检查，可见其维管束部分呈褐色并有乳白色菌脓溢出，如番茄青枯病（见图 2—25）。

（3）腐烂。多发生在植物柔嫩、多肉、含水较多的根、茎、叶、花和果实上。被害部分组织崩溃、变质、细胞死亡，进一步发展至腐烂。细胞和组织被分解的程度不同，组织崩溃时伴随汁液流出的称为湿腐，如黄瓜疫病（见图 2—26）；组织崩溃过程中水分迅速丧失或组织坚硬，含水较少，不腐烂的称为干腐，如马铃薯干腐病。

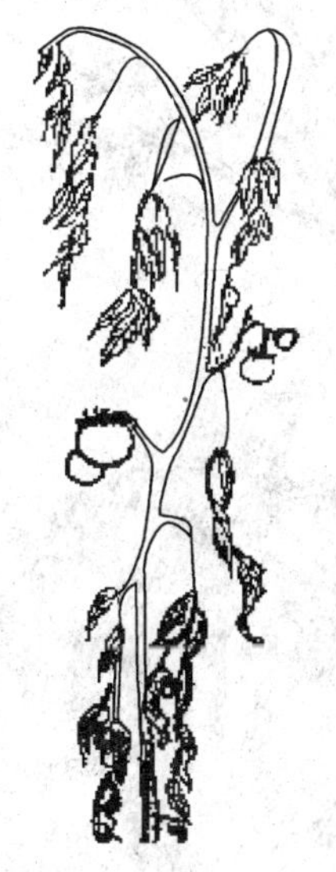

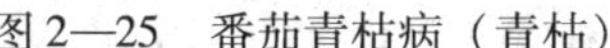

图 2—25　番茄青枯病（青枯）

图 2—26　黄瓜疫病（湿腐）

（4）萎蔫。指寄主植物局部或全部由于失水，丧失膨压，使枝、叶、茎蔫下垂的一种现象。

枯萎与黄萎。病状与青枯相似，但叶片多先从距地面较近处开始，叶片色泽变黄，病情发展较慢，不迅速枯死。病茎基部维管束也变褐色，但没有乳白色的溢出液，如番茄枯萎病和棉花黄萎病。

（5）畸形（见图 2—27）。植物被病原物侵染后，在其受害部位的细胞数目增多，细胞的体积增大，表现为促进性的病变；细胞的数目减少，细胞的体积变小，表现为抑制性的病变，使被害植株全株或局部呈畸形。畸形多半是散发性的。叶片皱缩和茎、叶卷曲，大多是由病毒引起的抑制性病状。残缺、细叶、小叶、缩果、植株矮小等则是各种传染性和非传染性病原所引起的抑制性病状。某些病原物和化学因素可以引起植株生长徒长。一些病原物能引起花瓣肥肿呈叶片状，如十字花科的蔬菜白锈病。

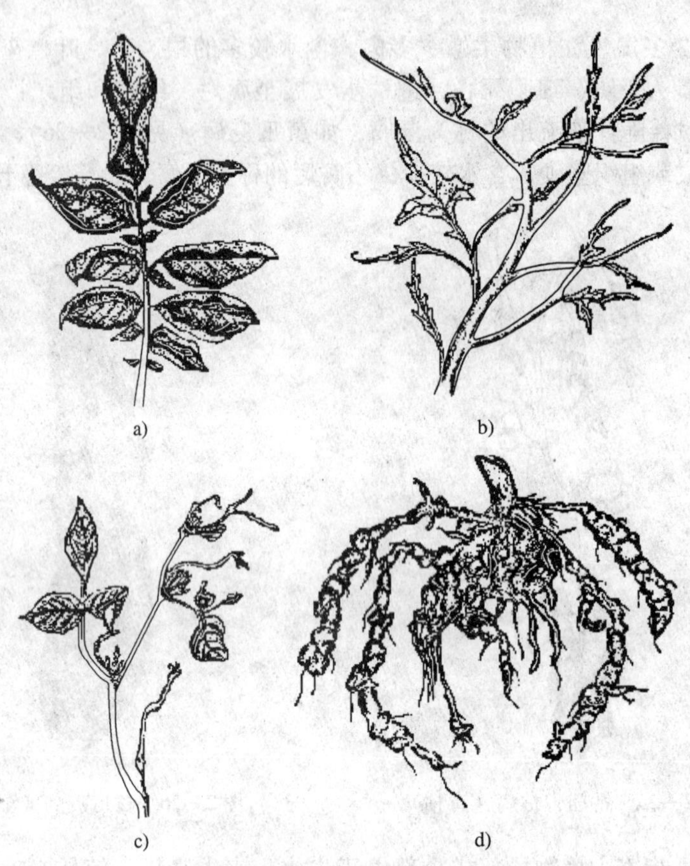

图 2—27　畸形类型

a）卷叶（马铃薯卷叶病）　b）蕨叶（番茄蕨叶病）

c）丛枝（豇豆丛枝病）　d）瘿瘤（丝瓜根瘤线虫病）

1）卷叶。叶片两侧沿叶脉向上卷曲，病叶比健叶厚、硬和脆，严重时呈卷筒状，如马铃薯卷叶病。

2）蕨叶。叶片叶肉发育不良，甚至完全不发育，叶片变成线状或蕨叶状，如番茄蕨叶病。

3）丛生（枝）。茎节缩短，叶腋丛生不定枝，枝叶密集丛生形如扫帚状，如豇豆丛枝病、枣疯病。

4）矮化。植株生长较正常的矮小。

5）徒长。植株生长较正常的高大。

6）发根。根系过度分枝而成丛生状。

7）瘿瘤。部分组织细胞过度生长而形成的变态。

8）剑叶。叶片发育受到控制，使宽大的叶片变为细小狭长状。

9）菌瘿。病部变成菌的集合体，如黑粉病。

3. 病症的类型

病原生物在寄主上的特征性表现为病症，病症可分为如下类型：

（1）霉状物。霉是真菌病害常见的病症，由真菌的菌丝和着生孢子的孢子梗构成。霉状物是感病部位产生的各种霉层，霉层的颜色、形状、结构、疏密等变化较大，可分为霜霉、黑霉、灰霉、青霉、绿霉等。霜霉的结构特点是孢子梗下部较为稀疏，而上部密集交叉，在病部表面多形成霜霉，颜色以白色为主，也有灰色、紫色以至黑色，多发生在褪绿的斑块上，如菠菜霜霉病。霉层表面的特征差异很大（见图 2—28）。

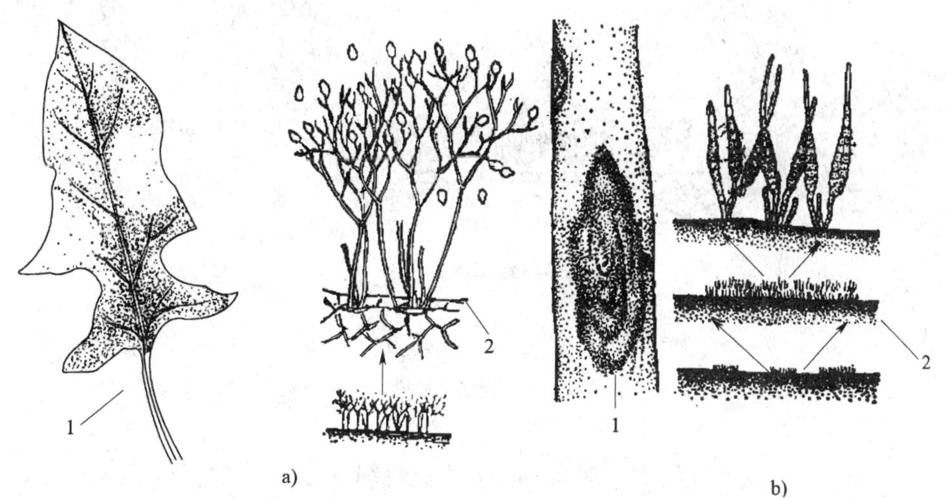

图 2—28 霉状物

a）菠菜霜霉病 b）葱紫斑病

1—症状 2—病原菌

（2）粉状物。这是某些真菌一定量的孢子密集在一起所表现的特征，因着生的位置、形状、颜色等不同，又可分为白粉、锈粉、黑粉等。黄瓜白粉病、菜豆锈病和洋葱黑粉病见图 2—29。

（3）粒状物。指在病部产生的大小、形状、色泽、排列方式等各不相同的小颗粒。如真菌的分生孢子器、分生孢子盘、子囊壳及菌核等。蚕豆褐斑病、豌豆白粉病和油菜菌核病见图 2—30。

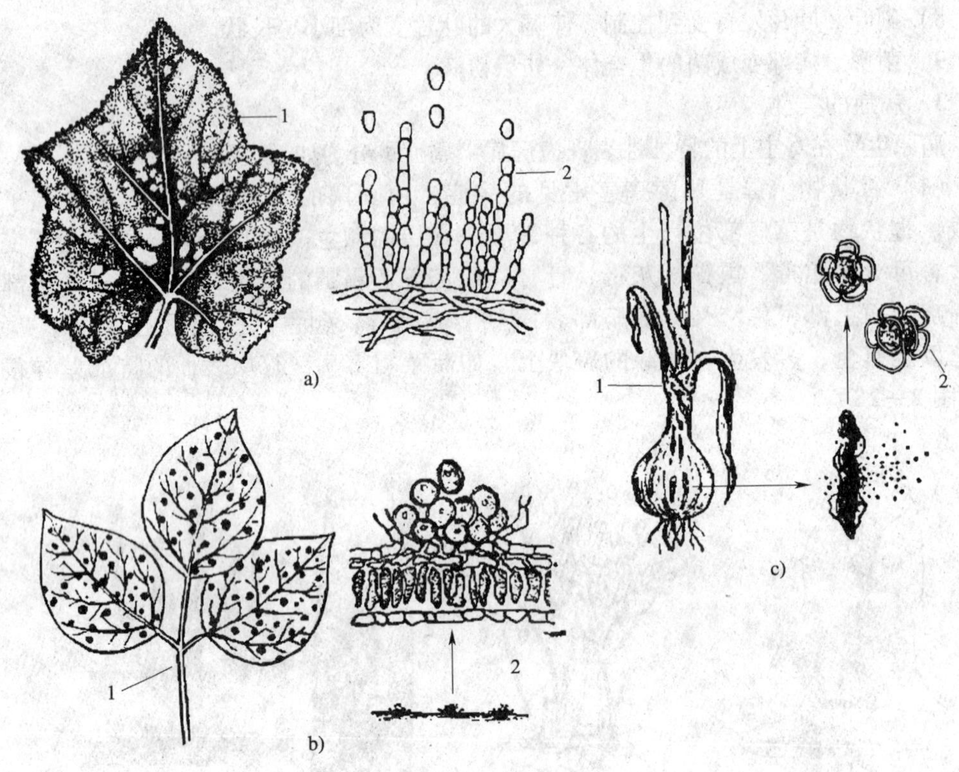

图 2—29 粉状物

a）黄瓜白粉病（白粉） b）菜豆锈病（锈粉） c）洋葱黑粉病（黑粉）

1—症状 2—病原菌

（4）绵（丝）状物。指在病部表面产生的白色绵（丝）状物，这是真菌的菌丝体或菌丝体和繁殖体的混合物，一般呈白色。各种真菌的菌丝体表现不一样，如鞭毛菌的菌丝体大半是疏松的，多呈棉絮状，而有的细密平展，呈棉绒状，如茄绵疫病绵（丝）状物（见图 2—31）。

（5）脓状物。是植物病原原核生物中细菌性病害所具有的病征。病部溢出的脓状黏液在气候干燥时形成菌痂或菌胶粒，如玉米细菌性茎腐病。

五、非侵染性病原

不良环境因素（指非寄生性因素）引起的病害叫做非侵染性病害。从这个概念来看，非侵染性病害的范围很广，边界很模糊，可以说非侵染性病害几乎到处都存在，因为很少有哪些作物其全部个体都始终处于最佳环境之中。然而，从生产角度看，只有

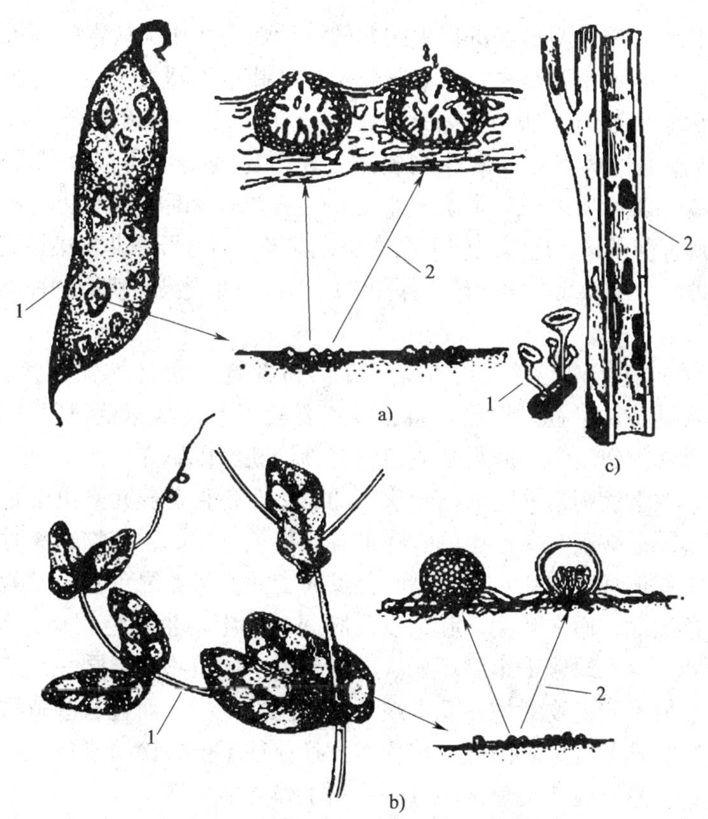

图 2—30 粒状物

a）蚕豆褐斑病（分生孢子器埋生在寄主表皮下） b）豌豆白粉病（子囊壳着生在寄主表面）

c）油菜菌核病（菌核在病茎内）

1—症状 2—病原菌

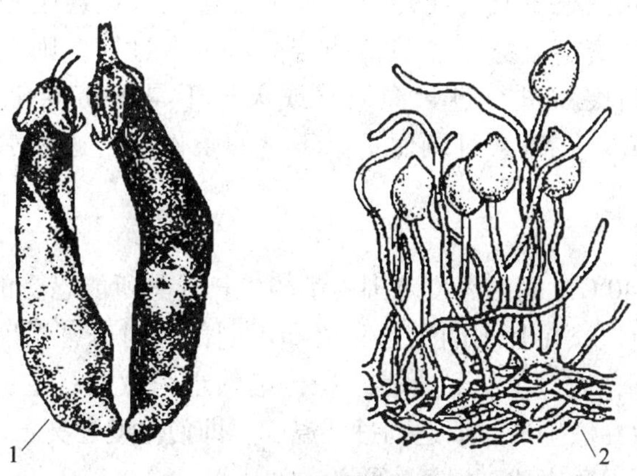

图 2—31 茄绵疫病绵（丝）状物

1—症状 2—病原菌

那些发生面积较大、造成明显经济损失的非侵染性病害才作为病害问题来对待。非侵染性病害的病原很多，但主要是来自土壤气候不良、栽培管理失当和环境污染。非侵染性病害有些是单因素引起的（所谓单因素病害），有些则是多因素复合引起的（所谓复因病害）。有些非侵染性病害的诊断相当复杂，并不比侵染性病害容易诊断，但一旦确诊，防治并不太困难，所以相对来说，非侵染性病害的诊断较难而防治容易。有些情况下，非侵染性病害和侵染性病害之间关系密切，难以绝对分开。非侵染性病害的研究与处理要有植物生理学、植物栽培学和环境保护学的支持。非侵染性病原的种类如下文所述。

1．营养失调

大量元素（如氮、磷、钾、钙、镁、硫）和微量元素（如铁、锰、锌、铜、硼、铝）的缺乏都会造成缺素症。但氮、磷、钾三要素引起的缺素症已处于植物非侵染性病害的边缘，通常由栽培学、肥料学或植物营养诊断给以研究解决，而钙、镁、硫，特别是微量元素的缺素症则常常列入植物病害的名单。各种营养元素由于它们在植物生理代谢上的功能不同，缺乏时所产生的病症也各有特色。比如，植物缺氮时生长黄弱，从下部叶片起逐层变黄甚至枯死；缺磷则叶色反而变深，呈蓝绿色甚至发紫，生长亦较缓慢；缺钾则叶色浅绿，而在叶尖、叶缘以及脉间叶肉上产生褐色枯斑，甚至局部枯焦；又如缺铁则新叶失绿，缺硼则组织坏死。以上是说不同植物缺乏同一元素时具有相同相似的病症特点。但不同植物对同一元素缺乏的敏感性不同，而且有些植物缺乏某些元素时还有另外一些特殊的病症。因此，仅依靠症症往往不能确诊缺素症，还需进行叶片分析、土壤分析、诱发试验和治疗试验等一系列工作才能确诊。

2．土壤水分失调

除大面积旱、涝灾害外，土壤水分对植物的供应失调也常造成病害。土壤缺氧，根呼吸受到阻碍。缺氧还利于土壤中嫌气微生物运动，产生亚硝酸、亚硫酸等物质毒害根系。病状除根系衰弱腐烂外，地上部生长缓慢甚至停止，老叶发黄或出现黑褐色湿斑，植株萎蔫。家庭盆栽植物若浇水过多过勤，则在冬季常发生此类病害。土壤持续干燥后突然进行过量灌溉，或天气干旱雨涝变化急剧，也会导致番茄、葡萄等的裂果病。在氮素过剩而钙素不足的条件下，这种水分供应失常会促进苹果的苦痘病。

3．温度不适宜

一般植物在1～40℃之间的温度范围内都能生长，其所能忍受的最低和最高温度则因植物种类而异。但植株在其不同生育阶段和不同部位对有害温度的敏感性有较大差异，幼苗比成株敏感；幼嫩组织和分生组织比老熟组织敏感；生长点、幼芽比茎叶敏感。如果敏感的部位在敏感的时期遇到过低温度，即使温度远高于冰点，植物也会受害生病。一般来说，低温危害比高温危害更为常见。

小麦在孕穗至抽穗期若遇低温危害，只要有一天早上最低温低于5℃，以后抽出的穗则呈畸形，成为秃尖（顶部小花不育）或全部小花不育。这种冻害在低洼麦田或四周环绕山坡的小盆地中最易发生，所谓“风打山梁霜打洼”。异常的早霜和晚霜常会造成相应秋季和春季的幼苗叶片变黄坏死，病变发生于叶尖、叶中段或叶基部，但从被害苗群体上看，病变部分距地表高度一致，这正是最低温所在的“霜面”。局部的异常高温也会引起日灼溃疡和日烧病。苹果、番茄、茄子、辣椒等果实上的日灼病颇为常见，常发生于西南方冠层或果实上、中午稍后时的向阳面，在天气暴热而土壤供水又不足时最易大量发生。有些植物的幼苗在上述条件下发生日灼死苗，其柔嫩的幼茎在距土表不高处被烫坏而倒折，该局部由于日光照射和土面反射可升温至50℃以上。果树主干向阳面近地面处有时也发生日灼溃疡病，这是由于冬季晴天中午该局部树皮受日晒及土面反射的双重作用而升温，入夜温度又急剧下降，连日反复如此，寒热交替以致树皮受伤。

4. 光照不适宜

光照的影响包括光强度和光周期。光照不足通常发生在温室和保护地栽培的情况下，导致植物徒长或受到病原物的侵染。

光照过强很少单独引起病害，一般都是与高温、干旱相结合，容易引起日灼和日烧病。有的植物在高强光以及长日照下会自发产生枯斑。光照时间的长短影响植物的牛长和发育，光照条件不适宜，可以延迟或提早植物的开花和结果。

当植物正在旺盛生长时，光强的突然改变和养分供应不足能引起落叶。植株种植过密、光照不足、通风不良等可引起叶部、茎秆部病害的发生。

5. 土壤酸碱度不适宜

有些植物对土壤酸碱度要求严格，若酸碱度不适宜则表现出各种缺素症，并诱发一些侵染性病害的发生。土壤中钠盐或镁盐浓度过高常造成作物碱害。盐碱土 pH 值过高，能使钙、锰、铜、锌等元素的溶解度增加，而使植物根系受害。在我国北方石灰含量过多的土壤中，因为可溶性的铁盐转变为不溶解状态，严重影响了植物对铁的吸收利用，因而易发生缺铁性黄化病。

6. 有毒物质的影响

空气、土壤和植物表面存在的气体或有毒物质，可引起植物中毒。空气中的氟化氢、二氧化硫、二氧化氮、四氟化硅和臭氧等气体对植物有毒。

杀虫剂、杀菌剂、除草剂、植物激素和化肥使用不当，或其土壤中残留的浓度过高，均会导致植物产生药害和肥害。使用未腐熟的绿肥，土壤中积累较多的硫化氢，会导致植物根部中毒。

粉尘附着在叶面，影响植物对二氧化碳的吸收和光合作用。有些粉尘本身对植物有毒。

六、侵染性病原

1．真菌

真菌在自然界分布很广，空气、水、土壤中都有存在。植物病害中，真菌是一类最重要的病原，大约80%以上的植物病害由真菌引起。

真菌没有根、茎、叶的分化，不含叶绿素，不能进行光合作用，也没有维管束组织，有细胞壁和真正的细胞核，细胞壁由几丁质和半纤维素构成，所需营养物质全靠其他生物有机体供给，营养生活，典型的生活方式是产生各种类型的孢子。

真菌的发育过程，可分为营养阶段和繁殖阶段。营养阶段是真菌不断生长和积累养分的时期；繁殖阶段是真菌产生各种类型的孢子，进行繁殖的时期。除了较低等的真菌外，大部分真菌的营养阶段的营养体和繁殖阶段的繁殖体的区分是明显的。

（1）真菌的营养体。真菌典型的营养体是由极为纤细的丝状体组成。这些丝状体在基物上向各个方向延伸并摄取基物中的营养。每一根丝状体称为菌丝。菌丝可以不断地分枝和向前生长伸长，并彼此交织成丛，称为菌丝体。菌丝一般呈圆管状，分枝或不分枝，其直径约10 μm，管壁无色透明。有些真菌的菌丝被横膈膜分隔形成多细胞，这种菌丝称为有隔菌丝，也有些真菌的菌丝没有横膈膜，整个菌丝相当于一个大细胞，没有横膈膜的菌丝称无隔菌丝（见图2—32）。有隔菌丝的横膈膜中央有一个微细的小孔，细胞间的原生质可以通过小孔互相转移，能从一个细胞流到另一个细胞里。无隔菌丝如果遭受损伤，或者菌丝营养不足，生长衰老或产生繁殖体时，也能产生横膈膜，但这种横膈膜中央没有微细的小孔。此外还有一些较低等的真菌，它的营养体是一团没有细胞壁的原生质体，称为变形体，或者是一个卵圆形的单细胞。

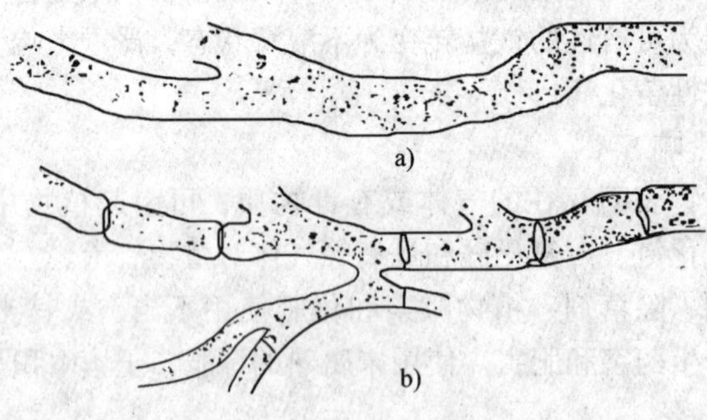

图2—32　真菌的营养菌丝

a）无隔菌丝　b）有隔菌丝

真菌细胞壁的化学成分因种类不同而异，多种真菌的细胞壁，特别是比较高等真菌的细胞壁的主要化学成分除纤维素外还有甲壳质，而低等真菌的细胞壁的主要化学成分是纤维素。此外，菌丝细胞壁还含有一些其他的复杂的有机化合物，并且常随着菌丝的生长和环境条件的不同，所含的有机化合物也有所改变。菌丝细胞内含有原生质、细胞核、液泡和储藏的脂肪、肝糖等养料。肝糖的作用相当于高等植物细胞里的淀粉质。菌丝细胞内的原生质一般是无色的，但是，也有一些菌丝中的原生质含有各种色素，特别是一些老的菌丝更为明显。无隔菌丝具有多细胞核；有隔菌丝每个细胞内含有一个、两个或多个细胞核。菌丝一般是由孢子萌发产生芽管，芽管在基物上继续生长，最后形成丝状体（见图 2—33）。菌丝以顶端部分向前生长但它的每一部分都具有繁殖力。菌丝的正常功能是摄取养分并不断生长发育。除少数菌丝在寄主体外生长外，绝大多数是在寄主体内生长。在寄主体内的菌丝，也由于真菌种类不同，其着生位置不完全相同，有的菌丝在寄主细胞间蔓延扩展，有的不仅在寄主细胞间还能进入细胞内，大部分寄生性较强的真菌菌丝在细胞间扩展的同时还产生吸器伸入细胞内吸取养分。吸器的形状有瘤状、棍棒状或分枝状等（见图 2—34）。

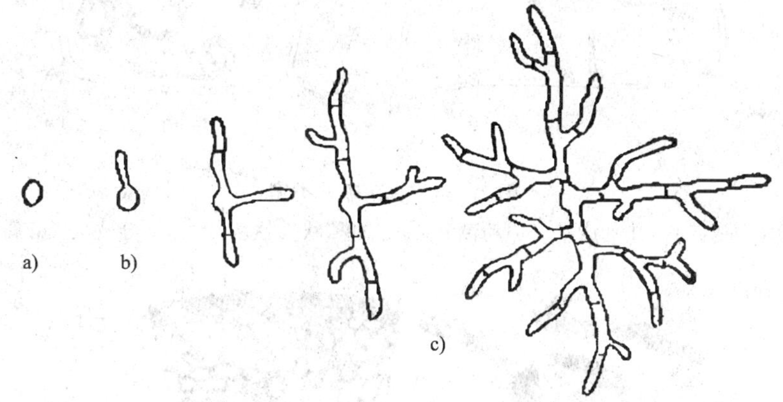

图 2—33　真菌孢子萌发和菌丝生成过程

a）孢子　b）孢子萌发产生芽管　c）芽管延伸形成菌丝体

菌丝体是真菌营养体的基本结构，但是某些真菌的菌丝体在一定的环境条件下可以发生变态，形成一种新的、与原来的形态和功能都不相同的特异性结构，较为常见的有菌核、菌索和子座三种。

1）菌核。菌核是由许多菌丝交织而成的一种结构物。典型的菌核表现为颜色较深和较坚硬的一种休眠体，其色泽、形状、大小等因真菌种类不同而有差异。菌核的菌丝体一般分为两类：内层的菌丝体比较疏松，相互平行排列或纠结在一起，长形细胞容易识别出来这种菌组织，这种菌组织称为疏丝组织；外层的菌丝体的细胞结合紧密，呈椭圆形、多角形或接近圆形，与高等植物的薄壁组织相似，称为拟薄壁组织。在菌核的外部有时被一层色泽较深、细胞壁很厚的表皮覆盖，这种表皮也是由拟薄壁组织形成的（见图2—35）。菌核对不良环境具有适应性，耐高温、低温和干燥，当环境适宜时，菌核萌发产生菌丝体，或者在菌核上产生孢子。

2）菌索。菌索又称根状菌索或菌丝束，它是由许多菌丝体纠结而成，呈绳索状。菌索的内层是菌组织的疏丝组织，外层是拟薄壁组织，顶端为生长点（见图 2—36）。菌索具有抵抗不良环境的作用。

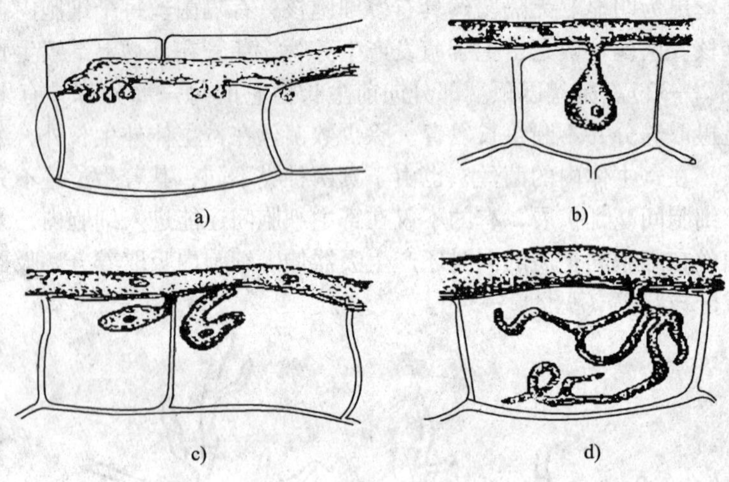

图 2—34　真菌吸器类型

a）瘤状（白锈菌）　b）瘤状（白粉菌）　c）棍棒状（锈菌）　d）分枝状（霜霉菌）

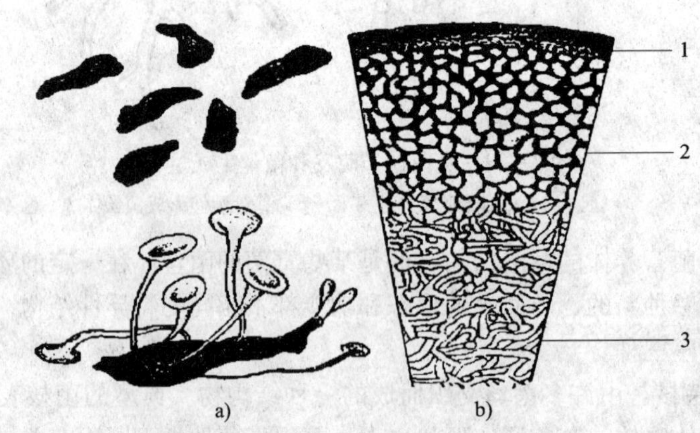

图 2—35　菌核及其结构

a）菌核及其萌发（产生子囊盘）　b）菌核剖面

1—皮层　2—拟薄壁组织　3—疏丝组织

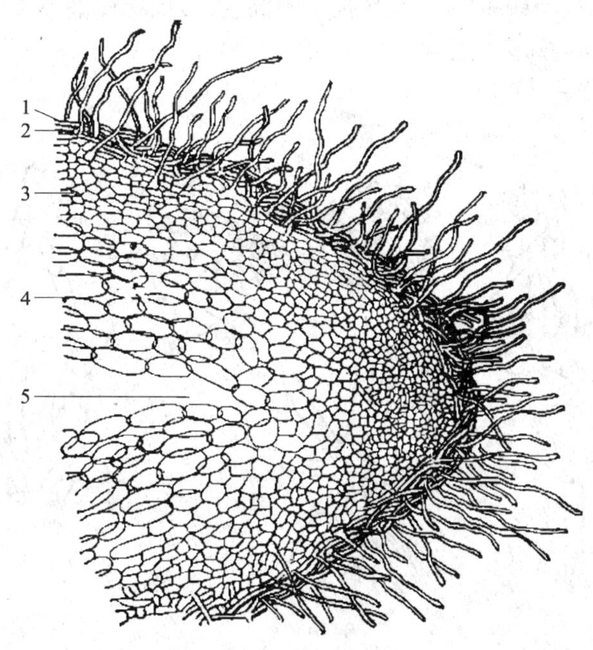

图 2—36　根状菌索的结构

1—疏松的菌丝　2—胶质的疏松菌丝　3—拟薄壁组织　4—疏丝组织　5—中腔

3）子座。是菌丝分化形成的垫状结构，或是菌丝体与寄主组织或基物结合而成的垫状结构物。子座是容纳子实体的褥座，常从菌核上发生，是真菌从营养阶段到繁殖阶段的一种过渡形式。而子实体是高等真菌产生孢子的结构。

（2）真菌的繁殖体。真菌在发育过程中经过营养阶段后，即进入繁殖阶段。绝大部分的真菌是通过孢子进行繁殖的，所以真菌繁殖往往由产生孢子的器官来完成。真菌的繁殖方式分无性繁殖和有性繁殖两种。无性繁殖产生无性孢子，有性繁殖产生有性孢子。

真菌孢子的功能相当于高等植物的“种子”。它是真菌繁殖器官的基本单位。无性孢子没有经过性的结合，直接从营养体菌丝上产生，它相当于高等植物的无性繁殖器官，如块茎、鳞茎、球茎等。有性孢子是不同性的细胞核结合后产生的，它相当于高等植物经过受精形成的种子。无论是无性繁殖或有性繁殖，它们的繁殖体都是从营养体上产生的。在高等真菌中，各类孢子都可以产生在一个产生孢子的组织体上，这个组织体是由菌丝体分化而成的，这些菌丝体已经失去了本来的功能，变成了产生孢子的一种特殊器官，称为子实体。

1）无性孢子。在一个生长季节中，如果环境条件适宜，无性孢子可以重复产生多次，能在较短的时间内使真菌迅速繁殖蔓延和扩散。所以，真菌的无性孢子是寄主植物生长期间的主要侵染来源。但是，无性孢子的抗逆能力很弱，除少数外，大部分在不适宜的环境下，短时间内即失去生命力。真菌的无性孢子主要有游动孢子、孢囊孢子和分生孢子三种（见图 2—37）。

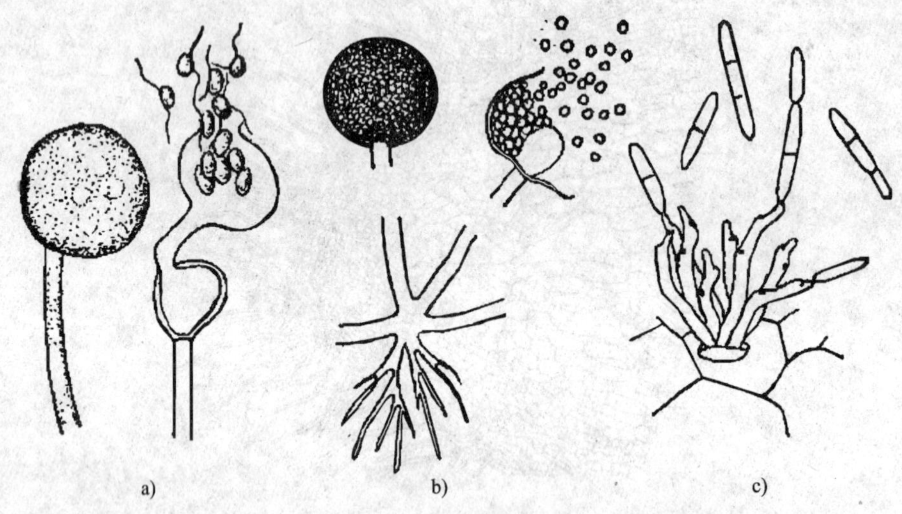

图 2—37 真菌的无性孢子

a）孢子囊及游动孢子 b）孢子囊及孢囊孢子 c）分生孢子

①游动孢子。是一种产生在孢子囊中的内生孢子。孢子囊产生在菌丝上，或生于有特殊形状和分枝的孢囊梗上，呈球形、椭圆形、卵形或不规则形。孢子囊成熟后，孢子囊中的原生质分割成许多小块，成为游动孢子，游动孢子没有细胞壁，有一根或两根鞭毛，可以在水中游动。游动孢子遇到适宜的寄主或游动片刻后，鞭毛收缩，生出细胞壁，形成休止孢子，休止短暂时刻，就开始萌发产出芽管侵入寄主。

②孢囊孢子。是一种产生在孢子囊中的内生孢子。它和游动孢子不同的是，它具有细胞壁却没有鞭毛，成熟后孢子囊壁破裂，散出孢囊孢子。

③分生孢子。是一种不同于游动孢子和孢囊孢子的外生孢子。分生孢子是由菌丝顶端细胞，或由特殊分化的菌丝、分生孢子梗产生，一枝分生孢子梗可以连续地分割和产生出多个分生孢子。分生孢子的种类很多，形态变化也很复杂，高等的类型还集合形成各种类型的子实体。

除上述三种无性孢子外，有些真菌还有其他无性孢子。如菌丝中个别细胞或分生孢子中个别细胞逐渐膨大，孢壁变厚，内容物浓缩，含多量油脂，变成与本来完全不同的圆形厚垣孢子，但这种孢子与一般无性孢子的作用完全不相同。厚垣孢子的抗逆能力强，菌体死亡后仍能保持相当长时间的存活率，具有适应不良环境和越冬的功能（见图 2—38）。

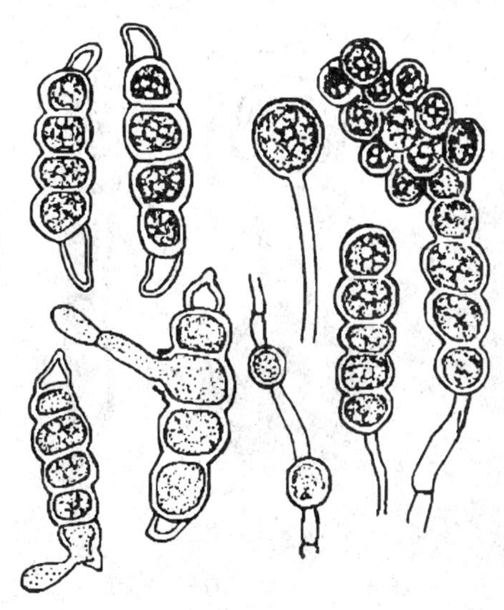

图 2—38　真菌的厚垣孢子

2）有性孢子。有性孢子是由两个可交配的性细胞核结合后产生的孢子。真菌的性器官称配子囊，性细胞则称配子。两种不同性别的配子囊或配子，如果其形状、大小是相同的，称为同型配子囊或同型配子；形状、大小不相同的，称为异型配子囊或异型配子。单个真菌的菌体能够自行交配而完成其有性繁殖，并不需要与其他菌体交配的称为同宗配合；如果单个菌体不能自行完成其有性繁殖，必须和另一个有亲和力的菌体交配以后，才能完成其有性繁殖的称为异宗配合。真菌的有性孢子是指细胞核进行结合的细胞，或细胞核进行减数分裂后，最初形成的细胞核发育而成的孢子。经过有性繁殖真菌可分别形成五种有性孢子，即接合子、卵孢子、接合孢子、子囊孢子和担孢子（见图 2—39）。

①接合子（又称合子）。接合子是由两个同型配子经过质配和核配后产生的一种有性孢子。

②卵孢子。卵孢子是由两个大小和形状都不相同的异型配子囊结合而成的。大型配子囊呈球形，内含一至数个卵球，称为藏卵器；小型配子囊呈棍棒状，称为雄器。雄器与藏卵器接触时，产生受精管伸入藏卵器内，随后雄器中的原生质和细胞核通过受精管进入藏卵器中，经过质配和核配阶段，最后卵球发育形成具有厚壁的卵孢子。卵孢子是一种休眠孢子。

③接合孢子。接合孢子是由两个同型配子囊经过接合作用，完成性结合过程所形成的厚壁的休眠孢子。接合孢子是异宗结合的，当两个生理上不同而有亲和力的菌丝相接触或相通时，在菌丝上分别形成相似的原配子囊菌作为交配枝，细胞核和原生质流入两

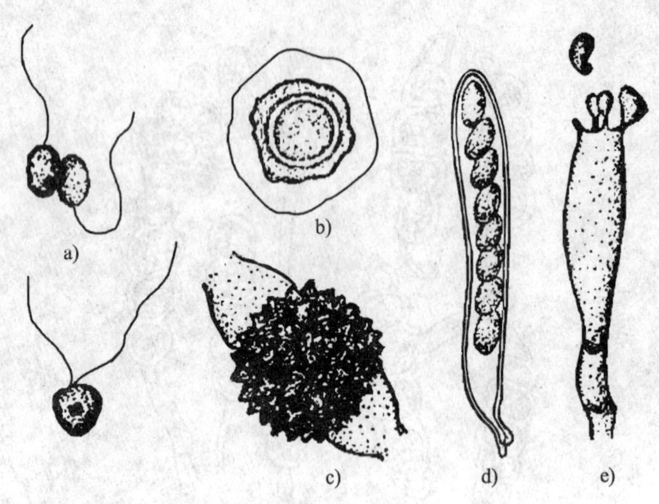

图 2—39　真菌的有性孢子

a）接合子　b）卵孢子　c）接合孢子　d）子囊孢子　e）担孢子

个原配子囊的接触点。原配子囊产生一个分隔，前端的细胞称配子囊，接触处的囊壁消解，便融合成一个细胞，经过质配和核配过程，形成接合孢子。

④子囊孢子。子囊孢子是子囊菌的有性孢子。异型配子囊质配后，细胞核在产囊丝上的雏形子囊中合并，随即进行减数分裂，成为 4 个单倍体细胞核，多数子囊中的这些细胞核又分裂一次成为 8 个细胞核，以游离细胞生成方式，进一步形成 8 个子囊孢子，排列在子囊内。子囊呈圆形、长圆形或棍棒形，壁薄而透明。每个子囊内的子囊孢子有一定数目，一般为 8 个，也有 2 个或 4 个的。子囊孢子单细胞或多细胞，大小及形状等因真菌种类不同有时差异很大。

⑤担孢子。担孢子是担子菌的有性孢子。担子菌的菌丝体是经过质配后的双核菌丝，在菌丝顶端细胞中发育成棍棒状的担子，经过核配和减数分裂生成 4 个单倍体的细胞核，并在担子上生成 4 个小梗，每个小梗上形成一个担孢子。

真菌的有性孢子大多数一年产生一次，而且多发生在寄主生长后期，它具有较强的生活力并对不良环境有较大耐力。所以有性孢子常是真菌越冬的器官，在第二年成为病原菌初次侵染源。

2．细菌

细菌是一类有细胞壁但无固定细胞核的单细胞的原核生物。细菌种类很多，但能引起植物病害的数量和危害性远不如真菌。尽管如此，有些细菌病害也是农业生产上的重要问题，如番茄青枯病、葡萄根瘤病、棉花细菌性角斑病、瓜细菌性果斑病等。

（1）细菌的一般性状。细菌是单细胞的微生物，它比真菌小但比病毒大。每一个细菌细胞是一个独立生活的个体。它缺乏叶绿素，除少数细菌具有光合色素——细菌叶绿素，以及其他类似叶绿素的物质，能够利用光能进行光合作用，制造本身所需要的养分外，大多数细菌是异养的。细菌的基本形态有球状、杆状和螺旋状三种。球状的细菌称为球菌，杆状的细菌称为杆菌，螺旋状的细菌称为螺旋菌。植物病原细菌都为杆状，绝大多数长有鞭毛，鞭毛是细菌的运动器官。鞭毛的数目最少的是一根，一般是 3 ~ 7 根，也有更多一些的，也有缺乏鞭毛的，鞭毛着生在细菌细胞一端或两端的，称为极毛，着生在四周的称为周毛（见图 2—40）。革兰氏染色反应多数阴性，少数阳性。

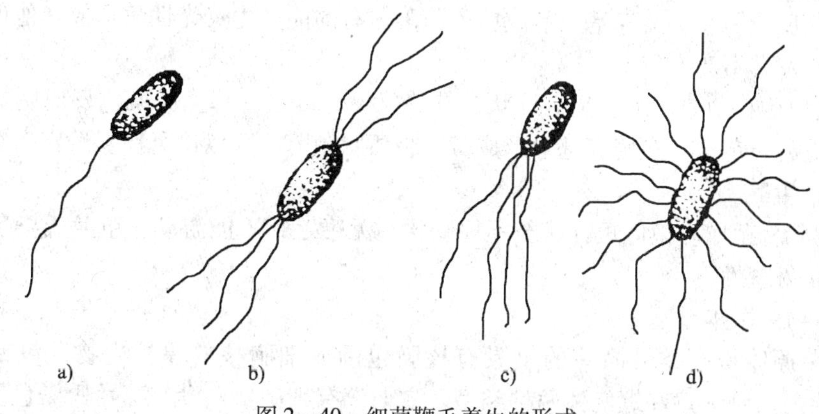

图 2—40　细菌鞭毛着生的形式

a）单极毛　b）、c）极毛　d）周毛

细菌一般以裂殖的方式繁殖，即细胞分裂时菌体先稍微伸长，细胞质膜自菌体中部向内凹陷，同时形成新的细胞壁，最后母细胞从中间分裂为两个细胞。细菌的繁殖很快，在适宜环境下，生长旺盛的细胞平均 20 或 30 分钟分裂一次。细菌细胞在固体培养基平面上，由于局限在一个位置大量繁殖，形成菌落。一个纯菌落只含有一种细菌细胞，所有组成的个体都是一个单细胞的后代。植物病原细菌不可以在人工培养基上生长。细菌大多数是好气性的，只有少数是兼性、嫌气性的。一般植物病原细菌对营养要求都不很严格，只有少数的种不能利用无机氨态氮，需要氨基酸或其他有机氮化物。有些细菌需要有少量二氧化碳才能繁殖。各种病原细菌在固体培养基上形成各种不同形状和色泽的菌落，这是细菌分类鉴定上的一种主要依据。菌落具有整齐或极粗糙的边缘，表面坚韧或呈胶粘状，平贴或隆起，色泽为黄色、灰白色或白色等。

植物病原细菌最适宜的生长温度一般为 26 ~ 30℃，温度过高或过低都不适宜存活，但青枯病细菌喜高温 37℃，马铃薯环腐病菌则喜较低温度 22 ~ 24℃。植物病原细菌能耐低温，对高温比较敏感，其致死温度一般在 50℃ 左右，经高温处理 10 分钟即可死亡。植物病原细菌在中性或略呈碱性的培养基中生长最适宜，但是有些病原细菌特别是黄单胞杆菌属的细菌比较耐酸。

（2）植物病原细菌的主要类群。常见植物病原细菌属及其主要特征如下：

1）野杆菌属。细菌呈短杆状，典型的有 1～4 根鞭毛。在培养基上形成黏性的灰白色菌落。乳糖和水杨苷发酵可以产生酸。

2）欧氏杆菌属。细菌呈短杆状，周生鞭毛，革兰氏染色反应阴性，在培养基上形成灰白色的菌落。生长时一般不需要供给有机氮化物，乳糖和水杨苷发酵产生酸，有的还可产生气体。

3）假单胞菌属。细菌呈短杆状，一般有鞭毛 3～7 根，着生在细胞的一端或两端，革兰氏染色反应阴性，培养基上形成白色菌落，有的能产生荧光性色素或其他色素。乳糖和水杨苷发酵不产生酸。

4）黄单胞杆菌属。细菌呈短杆状，有单根极生鞭毛，革兰氏染色反应阴性。能产生非水溶性的黄色素，在培养基上形成黄色黏质状菌落。可以使乳糖发酵产生酸，水杨苷发酵不产生酸。

5）棒状杆菌属。菌体短杆状至不规则状，无鞭毛，不能游动，革兰氏染色反应阳性，一般是好气性。

3. 植物菌原体

植物菌原体是一类最简单的不具有核膜包围成细胞核的原核生物，包括植原体（即原来的类菌原体）和螺旋体两种类型。它们没有细胞壁，没有革兰氏染色反应，也无鞭毛等附属结构，菌体外缘为三层结构的单位膜。植物菌原体通过裂殖或芽殖进行繁殖。传播途径是嫁接传染和昆虫传播（主要是叶蝉，其次是飞虱、木虱等），侵染植物多会引起全株性症状，主要表现有黄化、矮缩、丛枝、萎缩及畸形等类型。如水稻黄萎病、玉米矮缩病、马铃薯丛枝病、枣疯病等。

4. 植物病原病毒和类病毒

目前已经知道的植物病毒病害有600种以上，仅次于真菌病害，而与细菌病害占同等重要地位。各种作物几乎都发生病毒病，造成严重的经济损失。

（1）植物病毒的一般性状。病毒是一类极其细小的非细胞形态的寄生物，通过电子显微镜可以观察到它的形态。大部分病毒的粒体为球状、杆状和线状，少数为弹状、杆菌状和双联体状等（见图2—41）。

病毒结构简单，其个体由核酸和蛋白质组成。核酸在中间，形成心轴，蛋白质包围在核酸外面，形成一层衣壳，对核酸起保护作用（以烟草花叶病毒为例，见图2—42）。

病毒是一种专性寄生物，只能在活的寄主细胞内生活繁殖。当病毒粒体与寄主细胞活的原生质接触后，病毒的核酸与蛋白质解体，核酸进入寄主细胞内改变寄主细胞的代谢途径，并利用寄主的营养物质、能量和合成系统，分别合成病毒的核酸和蛋白质衣壳，最后核酸进入蛋白质衣壳内形成新的病毒粒体。病毒的这种繁殖方式叫做增殖，也称为复制。通常病毒的复制过程也是病毒的致病过程。

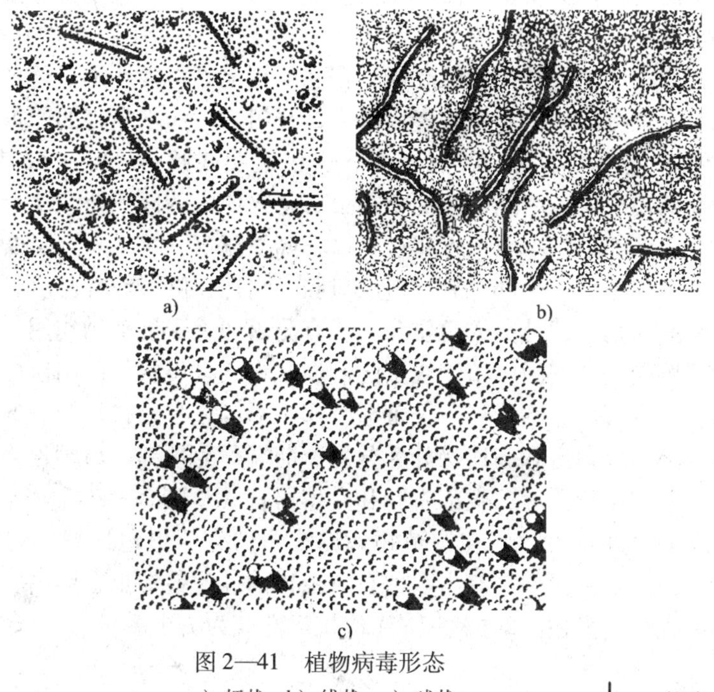

图 2—41　植物病毒形态

a）杆状　b）线状　c）球状

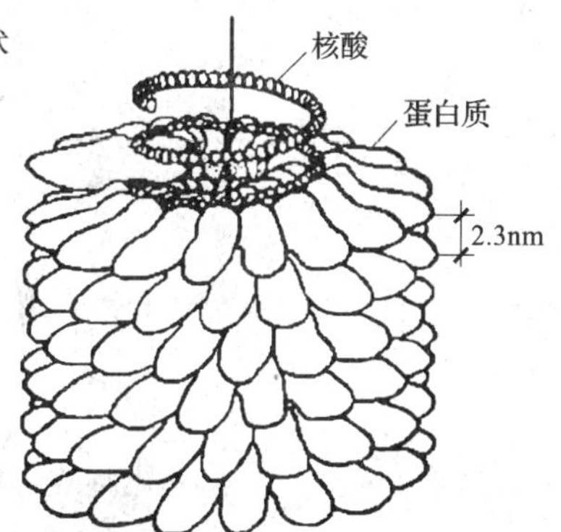

图 2—42　烟草花叶病毒结构

（2）植物病毒的传播特点。病毒是通过寄主植物体内带毒汁液传播的，其传播完全是被动的，具体传播方式有机械传播（汁液摩擦传播）、无性繁殖材料和嫁接传播、种子和花粉传播、介体传播。介体传播是病毒最主要的传播方式。自然界能传播病毒的生物介体有昆虫、螨、线虫和真菌等。昆虫是最主要的传播介体，其中尤以刺吸式口器的昆虫，如蚜虫、叶蝉、飞虱等最为重要。

（3）类病毒。类病毒的致病质粒比病毒还要简单，在结构上没有蛋白质的外壳，只有核糖核酸碎片，但进入寄主细胞内后，对寄主正常细胞的破坏和自行繁殖的特点与病毒基本相似。

5. 线虫

线虫是一种低等动物，又名蠕虫，属无脊椎动物门中线形动物门的线虫纲。线虫在自然界分布很广，在土壤中、动植物体内，甚至海洋、沙漠、泥沼中都有，其中有一部分寄生在植物上引发线虫病害。在植物上营寄生生活的线虫大多数是专性寄生的，而少数植物寄生线虫可以营非专性寄生生活。

被线虫寄生的植物种类很多，裸子植物、被子植物、苔藓、蕨类、藻类植物，以及栽培植物几乎全部有线虫寄生。在豆科、茄科、葫芦科和十字花科的作物上都有线虫病，主要为害根部，使寄主植物生长衰弱，在一般情况下为害性不显著。线虫还能传播许多其他病原物，也可为其他病原物侵入寄主打开门户，加剧病害的严重程度。

（1）植物病原线虫的形态。线虫多为乳白色透明线状体，除少数是雌雄异型外，一般都是细长而两端稍尖、中间稍粗的小蠕虫。动物体内的线虫常较大，有的长达 1 ~ 8 cm。植物线虫大多细小，一般长不超过 1 ~ 2 mm，宽 30 ~ 50 μm。线虫体通常分为四部分：头、颈、腹和尾部。头部有唇、口、口腔、吻针、侧器等部分。唇部一般具有突起称为乳突，神经末梢终于乳突的角质膜，具有分泌和感受接触的作用。侧器一对，位于头部两侧，能感受化学刺激，植物线虫的侧器基本上呈袋状。肛门以后至身体末端的部分称为尾部。尾有圆形、圆筒形、长鞭形、弯钩形等，有的很短，有的很长。从口腔到腔门通称为体部。以食道和肠连接处为分界，前端称为颈部，后端称为腹部，颈部前端有食道、神经环和排泄孔等，腹部有肠和生殖器官（见图 2—43）。

（2）植物病原线虫的发生规律。植物病原线虫的生活史包括卵、幼虫和成虫 3 个阶段。卵产于病组织或土壤中，有少数留在雌虫体内。一龄幼虫在卵内发育，孵化后遇适宜的条件就侵入寄主为害。幼虫经 3 ~ 4 次蜕皮即变为成虫。

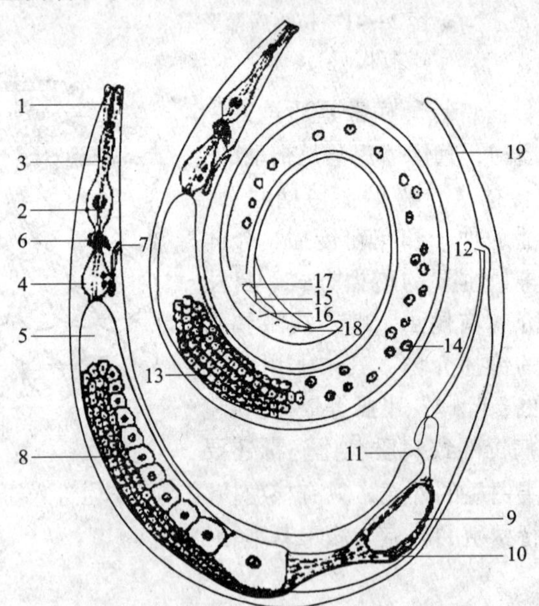

图 2—43　植物寄生线虫的形态

1—吻针　2—食道球　3—食道　4—食道腺　5—肠　6—神经环　7—排泄孔　8—卵巢　9—子宫内的卵　10—子宫　11—阴门　12—肛门　13—睾丸　14—精母细胞　15—交和刺　16—引带　17—交合伞　18—生殖乳突　19—侧尾腺孔

植物病原线虫都是专性寄生的，其寄生方式可分为外寄生和内寄生两种，虫体全部钻入植物组织内的称为内寄生，仅以口针穿刺寄主组织内吸收，而虫体留在植物外的称为外寄生。有的线虫早期是外寄生，后期是内寄生。很多线虫首先必须在土壤中生活一段时期后再侵入植物体，故土壤温度、水分、氧气状况、质地对其有直接影响，一般20～30℃、湿度较大、氧气充足、沙性土壤利于线虫生长发育和活动，线虫为害严重。

6. 寄生性种子植物

种子植物具有叶绿素能进行光合作用，自行制造营养，彻底维持它们的生长和发育，所以，大多数的种子植物都是自养的。但其中有一小部分由于缺乏叶绿素，或因部分器官退化，必须依附于其他植物生存，逐渐失去其独立性而成为寄生性。寄生性种子植物大多数是双子叶植物，在1 700种以上，分别属于12个科，与农作物有关的，主要是菟丝子科和列当科的一部分植物。

寄生性种子植物因其种类不同，其寄生的部位也不同。菟丝子是寄生在寄主的地上茎部分，故称为茎寄生，列当是寄生在寄主的地下根部分，故称为根寄生。按寄生性种子植物依附寄主植物的寄生程度可分为半寄生和全寄生两类。半寄生的寄生性种子植物含有叶绿素，能进行光合作用，但必须从寄主体内吸取部分营养物质，主要是无机盐类和水分，它在解剖上的特点是：寄生植物的导管和寄主植物的导管是相连的。全寄生的寄生性种子植物，没有叶片或叶片退化为鳞片，也没有足够的叶绿素，自己不能制造足够的营养，除了吸取寄主植物的水分和无机盐外，还依靠寄主供给它必需的碳水化合物和其他营养物质，其解剖上的特点是：寄生性种子植物与寄主植物曲导管和筛管都互相连接。菟丝子和列当都属于全寄生性种子植物。

寄生性种子植物对寄主植物的影响，主要是抑制其生长。草本植物受害后，主要表现为植株矮小、黄化，严重时全株枯死。木本植物受害后，通常出现落叶、落果、顶枝枯死、叶面缩小、开花延迟或不开花，甚至不结实。

7. 螨类

瘿螨（见图2—44）可使植物产生多种畸形症状，如虫瘿、毛毡、疱瘿、丛生等，还能引起器官变色。螨类不但直接引起植物病害，还能传播病毒病。

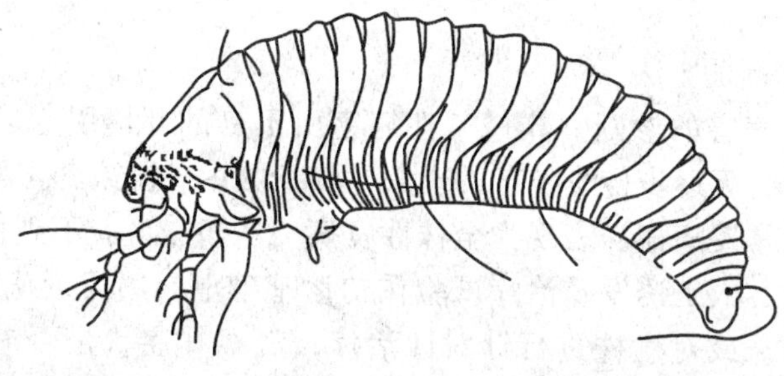

图2—44 叶瘿螨

8. 藻类

寄生性藻类主要是绿藻门中的头孢藻属和红点藻属等。寄生性藻类可引发植物的藻斑病或红锈病，其营养体为多层细胞组成的假薄壁组织状的细胞板。无性繁殖产生孢子囊和游动孢子，有性生殖由配子囊释放的游动配子结合产生接合子。寄生藻的游动孢子可直接或从气孔侵入寄主，在寄主表皮组织内形成分枝状假根吸取寄主营养。初期在寄主植物的枝叶上产生黄褐色斑点，逐渐向四周呈放射状扩展，形成近圆形、灰绿色至黄褐色、边缘不整齐的藻状斑。后期病斑呈棕褐色，故又称红锈病。病株藻斑多时，可引起早期落叶，树势衰弱，枝条枯死，造成减产；有时还会在果实表面形成藻斑，降低品质。寄生性藻类的防治首先要改善植株的通风透光条件，增强寄主的生活力和抵抗力；必要时可喷洒杀菌剂如波尔多液等铜制剂或石硫合剂等防治；发病后要搞好田园卫生，早期摘除病枝叶，同时要增施肥料，促进植株生长，减少损失。

七、植物病害的诊断

植物病害种类繁多，发生规律各异，只有对植物病害作出正确诊断，找出病害发生的原因，确定病害的种类，才可能根据病原特性和发病规律制定切实可行的防治措施。因此，对植物病害的正确诊断是有效防治的前提。

1. 植物病害诊断的步骤

（1）田间观察与症状诊断。首先在发病现场观察田间病害分布情况，调查了解病害发生与当地气候、地势、土质、施肥、灌溉、喷药等的关系，初步作出病害类别的判断，再仔细观察症状特征作进一步诊断。必须严格区别是虫害、伤害还是病害，是侵染性病害还是非侵染性病害。

有些病害由于受时间和条件的限制，其症状表现不明显，难以鉴别。必须进行连续观察或人工保湿保温培养，使其症状充分表现后，再进行诊断。

（2）室内病原鉴定。对于仅用肉眼观察并不能确诊的病害，还要在室内借助一定的仪器设备进行病害鉴定，如用显微镜观察病原物形态。对于某些新的或少见的真菌和细菌性病害，还需进行病原物的分离、培养和人工接种试验，才能确定真正的致病菌。

2. 各类病害诊断的方法

（1）非侵染性病害的诊断。非侵染性病害由不良的环境引起。一般表现为较大面积同时均匀发生，无逐步传染扩散的现象，除少数由高温或药害等引起局部病变如灼伤、枯斑外，通常发病植株表现为全株性发病。从病株上看不到任何病征。必要时可采用化学诊断法、人工诱发及治疗试验在初诊基础上，用可疑病因处理健康植株，观察是否发生病害。或对病株进行针对性治疗，观察其症状是否减轻或是否恢复正常。

（2）真菌病害的诊断。真菌病害的主要病状是坏死、腐烂、萎蔫，少数为畸形；在发病部位常产生霉状物、粉状物、锈状物、粒状物等病症。可根据病状特点，结合病症的出现，用扩大镜观察病部病症类型，确定真菌病害的种类。如果病部表面病症不明显，可将病组织用清水洗净后，经保温、保湿培养，在病部长出菌体后制成临时玻片，用显微镜观察病原物形态。

（3）细菌病害的诊断。细菌所致植物病害症状，主要是斑点、溃疡、萎蔫、腐烂及畸形等。多数叶斑受叶脉限制呈多角形或近圆形。斑病初期呈水渍状或油渍状，边缘常有褪绿的黄晕圈。多数细菌病害在发病后期，当气候潮湿时，从病部的气孔、水孔、皮孔及伤口处溢出黏状物及菌脓，这是细菌病害区别于其他病害的主要特征。腐烂型细菌病害的重要特点是腐烂的组织黏滑且有臭味。

切片检查有无喷菌现象是诊断细菌病害简单而可靠的方法。其具体方法是：切取小块病健部交界的组织，放在玻片上的水滴中，盖上盖玻片，在显微镜下观察，如在切口处有云雾状细菌溢出，说明是细菌性病害。对萎蔫型细菌病害，将病茎横切，可见维管束变褐色，用手挤压，可从维管束流出浑浊的黏液，利用这个特点可与真菌性枯萎病区别。也可将病组织洗净后，剪下一小段，插入盛有水的瓶里或在保湿条件下经一段时间，观察从切口处是否有浑浊的细菌溢出。

（4）病毒病害的诊断。植物患病毒病有病状没有病症。病状多表现为花叶、黄化、矮缩、丛枝等，少数为坏死斑点。感病植株多为全株性发病，少数为局部性发病。在田间，一般心叶首先出现症状，然后扩展至植株的其他部分。此外，随着气温的变化，特别是在高温条件下，病毒病常会发生隐症现象。

病毒病症状有时与非侵染性病害混淆，诊断时要仔细观察和调查，注意病害在田间的分布，综合分析气候、土壤、栽培管理等与发病的关系，病害扩展与传毒昆虫的关系等。必要时还需采用汁液摩擦接种、嫁接传染或昆虫传毒等接种试验，以证实其传染性，这是诊断病毒病的常用方法。

（5）线虫病害的诊断。线虫多数引起植物地下部发病，病害是缓慢的衰退症状，很少有急性发病。通常表现为植株矮小、叶片黄化、茎叶畸形、叶尖干枯、须根丛生以及形成虫瘿、肿瘤、根结等。

鉴定时，可剖切瘿或肿瘤部分，用针挑取线虫制片或用清水浸渍病组织，或做病组织切片镜检。有些植物线虫不产生虫瘿和根结，可通过漏斗分离或叶片染色法检查。必要时可用虫瘿、病株种子、病田土壤等进行人工接种。

第三节　农作物病虫害调查与测报基础知识

→掌握病虫害田间调查和调查资料统计的相关知识

一、病虫害的田间分布类型

植物病虫害在田间的分布受种类、数量、来源，及田间植物、土壤、小气候等多种因素的影响，是确定田间调查取样方法的主要依据。

1．随机分布

随机分布即个体独立地、随机地分配到可利用的单位中去，每个个体占空间任何一点的概率是相等的，并且任何一个个体的存在决不影响其他个体的分布，即相互是独立的，病虫在田间分布呈比较均匀的状态，如图 2—45a 所示。属于这类分布的病虫害可用潘松分布理论的公式表示。如玉米螟的卵块、小麦散黑穗病在田间的分布等。

2．核心分布

核心分布即个体形成很多大小集团或称核心，并向四周做放射状扩散蔓延。核心之间的关系是随机的，为一种不均匀分布，如图 2—45b 所示。如二化螟、土壤线虫病等。

3．嵌纹分布

嵌纹分布即个体分布疏密相嵌，很不均匀，呈嵌纹状，如图 2—45c 所示。如棉叶螨、棉铃虫幼虫、小麦白粉病等。

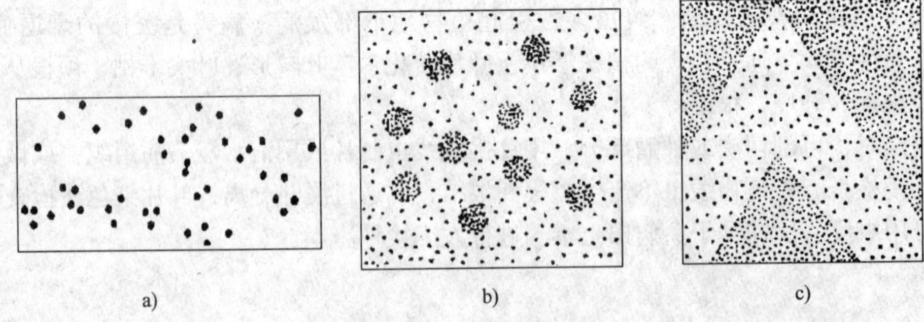

图 2—45　病虫害的田间分布类型

a）随机分布　b）核心分布　c）嵌纹分布

二、病虫害的田间调查

1. 调查内容

病虫害的田间调查分为一般调查和重点调查两类，在病虫害的资料不多或不系统时采用一般调查，目的是了解某一地区或作物上的病虫害的种类和分布等情况。一般调查的面较广，选点要有代表性，记载的项目不是很细。重点调查又称为系统调查，是在一般调查的基础上，选择重要的病虫害，深入系统地调查它的分布、造成的损失、消长规律、防治效果等。调查的面积不一定广，但调查次数要多，记载要准确详细。

（1）病虫害种类调查。是为了解某一地区、某一生活小区或某种植物上的病虫种类及不同种类的数量对比等进行的调查。其目的是确定主要病虫害和一般病虫害，弄清有无检疫对象，为重点调查和划定疫区和保护区提供依据。

（2）病虫害分布调查。是为了解某种植物病虫害的地理分布、不同分布区的数量对比等进行的调查，为划定防治区域、确定病虫害的主要来源及疫源地提供依据。

（3）病虫害发生消长调查。是为了掌握病虫害发生时期、发生数量及变动情况进行的调查。调查内容及范围较广，如病害的侵染循环，害虫的年生活史以及病虫害的越冬形态与场所，不同时期、不同农业生态条件下的数量变化等，为制定防治策略、防治措施及确定防治时期提供依据。

（4）病虫害防治效果和作物受害程度调查。为衡量防治措施效果、分析作物受害轻重的原因、估计对经济效益的影响程度等提供依据。

2. 取样方法

（1）分段取样法。实地进行调查前，将对象作物所属田块，按不同的类型（如土壤肥力、品种、播期的不同等）划分成若干部分（每部分包括若干田块），再从不同的部分里分别随机取样调查，采取加权法计算总体的平均值。此法适用于大面积田间调查。

（2）分级取样法。先从总体中随机抽取第 1 级取样单位，再从第 1 级总体中选取第 2 级取样单位……，如在果园内随机选取一定数量的果树，在所选的果树上选取一定数量的枝条等。

（3）顺序取样法（等距取样法）。是田间调查取样的通用方法，包括五点取样、对角线取样（单对角线、双对角线）、棋盘式取样、分行式取样和“Z”字形取样等（见图 2—46）。一般前三种取样适用于随机分布型的病虫调查；而分行式取样与棋盘式取样适用于核心分布型的病虫调查；“Z”字形取样适用于嵌纹分布型的病虫调查，即在田间随机选取一个样点，然后按特定的方式等距离选取另一个样点，陆续抽出所需的样点数。

3. 取样单位及取样数量

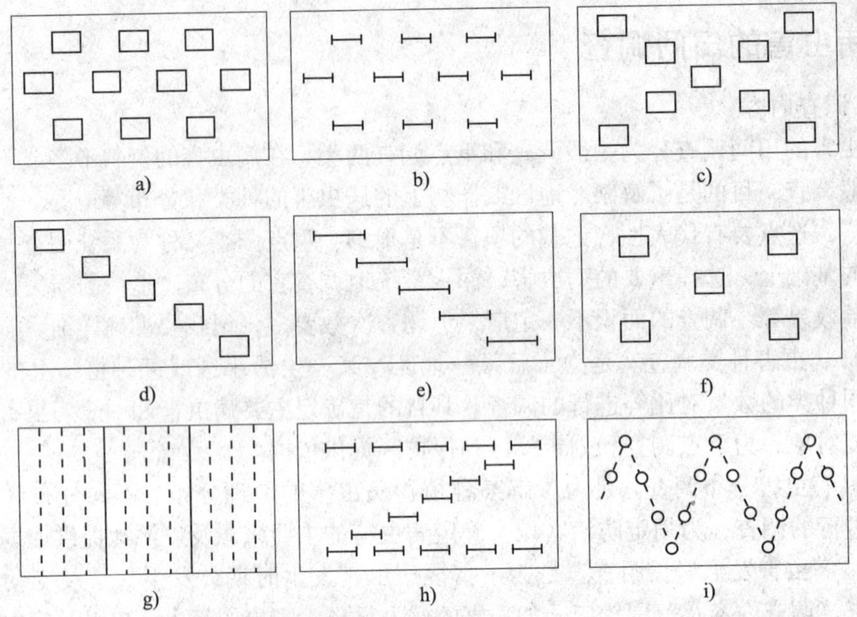

图 2—46　田间取样示意

a）棋盘式（面积）取样　b）棋盘式（长度）取样　c）双对角线式（面积）取样　d）单对角线式（面积）取样　e）单对角线式（长度）取样　f）大五点取样　g）抽行取样　h）、i）随机取样（"Z"字形取样）

（1）直接计数。取样单位依病虫种类、作物及栽培方式的不同而异。适用于调查麦类等条播密植作物上的病虫害，取样单位用米；适用于花卉苗床上的病虫害等，取样单位用平方米；适用于调查粮食、种子中的病虫害等，单位用千克；植株或植株的一部分是以整株或叶片、蕾铃、枝条、果实等为单位计算其上的病虫害；诱集器械是以黑光灯、孢子捕捉器、谷草把、糖醋盆等诱集器械，在单位时间内诱捕的病虫数为取样单位。此外，还可以用体积（木材内病虫）、重量（储量内病虫）和时间（单位时间内目测的病虫数）等作为取样单位。

（2）级别计数。以数量级别或为害程度级别计数（见表 2—1）。

表 2—1　　棉蚜调查计数法

级别	0	1	2	3	4
数量	0	1 ~ 10	11 ~ 50	>50	
为害	无	叶正常	叶皱缩	叶半卷	叶全卷呈圆形

取样数量的多少，取决于病虫害分布的均匀程度、发生的普遍程度及调查要求的精确程度。一般分布均匀而发生普遍的病虫害，样点数量可适当少些，每个样点可稍大些；相反则应增加样点数，而每个样点可稍小些。

4. 田间调查记载

田间调查记载多采用表格形式。记载表格可分为田间使用的原始表格和调查后的整理表格两种（见表2—2、表2—3）。

表2—2　　农作物病虫害田间调查记载

编号	作物	产地环境	田间分布	发病部位	症状		初步诊断	防治措施
					病状	病征		

表2—3　　农作物病虫害记载（整理）

调查日期	调查地点	品种	总株数	病株数	发病率	严重度等级					病情指数	备注
						1	2	3	4	5		

5. 调查资料的整理与计算

（1）被害率。表示植物被害虫为害的普遍程度。计算方法如下：

$$\text{被害率（\%）}=\frac{\text{被害单位数量}}{\text{调查单位总数量}}\times 100\%$$

（2）种群密度。表示在一个单位（每公顷或百株）内的种群数量。计算方法如下：

$$\text{种群密度}=\frac{\text{调查总虫数}}{\text{调查总单位数}}\times 100\%$$

$$\text{种群数量（头/百株）}=\frac{\text{调查总虫数}}{\text{调查总株数}}\times 100\%$$

（3）病情指数。又称感染指数，为病害发生的普遍程度和严重程度的综合指标。常用于植株局部受害，且各株受到的病害不同。计算方法如下：

$$\text{病情指数}=\frac{\sum\text{（病害级别代表值}\times\text{该级样本数）}}{\text{最高级代表值}\times\text{调查总样本数}}$$

6. 病虫害的损失估计

计算病虫害造成的损失，用损失百分率和实际损失的数量表示。通常包括以下几个方面：实际损失系数、作物受害百分率、产量损失百分率和单位面积实际产量损失。计算公式如下：

（1）实际损失系数。公式如下：

$$Q=\frac{A-E}{A}\times 100\%$$

式中，Q——损失系数；

A——未受害株的单株平均产量；

E——被害株的单株平均产量。

（2）作物受害百分率。公式如下：

$$P=\frac{m}{n}\times 100\%$$

式中，P——受害百分率；

m——被害株数；

n——调查总株数。

（3）产量损失百分率。公式如下：

$$C=\frac{Q\times P}{100}$$

式中，C——产量损失百分率；

Q——损失系数；

P——受害百分率。

（4）单位面积实际产量损失。公式如下：

$$L=\frac{A\times M\times C}{100}$$

式中，L——单位面积实际产量损失；

M——单位面积总株数；

A——未受害株的单株平均产量；

C——产量损失百分率。

第四节　预测预报及田间调查

→ 能识别当地农作物病虫害 15 种以上，并掌握其田间调查和统计方法

一、棉花主要病虫害的识别和田间调查

1．棉花枯萎病

（1）症状识别。整个生长期均可为害。出苗后即可被侵染发病，严重时造成大片死苗，到现蕾期达到发病高峰。夏季气温较高时，病势暂停，到秋季多雨时再度出现发病高峰。因生育阶段和气候条件不同，田间常表现如下几种不同的症状类型：

1）黄色网纹型。病苗子叶或真叶的叶脉局部或全部褪绿变黄，叶肉仍保持一定的绿色，使叶片呈黄色网纹状，最后干枯脱落。成株期也偶尔出现。

2）黄化型。病株多从叶尖或叶缘开始，局部或全部褪绿变黄，随后逐渐变褐枯死或脱落。在苗期和成株期均可出现。

3）紫红型。叶片变紫红色或呈紫红色斑块，以后逐渐萎蔫、枯死、脱落，苗期和成株期均可出现。

4）凋萎型。叶片突然失水褪色，植株叶片全部或先从一边自下而上萎蔫下垂，不久全株凋萎死亡。一般在气候急剧变化，阴雨或灌水之后出现较多，是生长期最常见的症状之一。有些高感品种感病后，在生长中后期有时会自植株顶端出现枯死，发生所谓“顶枯型”症状。

5）矮缩型。早期发生的病株若病程进展比较缓慢，则表现节间缩短，植株矮化，顶叶常发生皱缩、畸形，一般并不枯死。矮缩型病株也是成株期常见的症状之一。

同一病株可表现一种症状类型，有时也可出现几种症状类型，苗期黄色网纹型、黄化型及紫红型的病株若不死亡都有可能成为皱缩型病株。无论哪种症状类型，其病株根、茎维管束均变为黑褐色（见彩图1）。

病株不同症状类型的出现，与环境条件有一定关系。一般在适宜发病条件下，特别是在温室内做接种试验，黄色网纹型的症状较多；在田间，气温较低时易出现紫红型；而在气温急剧变化，如阴雨后迅速转晴变暖或灌水后则容易出现黄化型和凋萎型的症状。田间枯萎病通常表现点片死苗和大量枯死，成株期以凋萎型和矮缩型最常见。

（2）大田普查

1）普查时间。枯萎病每个生长季节有两个明显的发病高峰期，枯萎普查进行2次。即6月上中旬现蕾期为第一个发病高峰期，8月上中旬左右为另一发病高峰期。应分别在每一发病高峰期进行普查。

2）普查地点。选择有代表性测报点3～5个。

3）普查田块。选择当地不同主栽品种田地各一块。

4）普查取样方法。普查的田块尽可能多一些，普查面积一般不低于栽培总面积的5%。每块田平行取8～10个点，每点查10～20株。调查结果填入棉花枯萎病大面积普查发病情况记载表（见表2—4）。根据普查情况进行汇总，汇总结果记入棉花枯萎病普查总汇表（见表2—5）。

5）棉花枯萎病地上症状

0级：健株；

1级：病株叶片25%以下表现典型症状；

2级：病株叶片有25%～50%表现病状，株型明显矮化；

3级：病株叶片有50%～75%表现病状，株型明显矮化；

表 2—4　　**棉花枯萎病大面积普查发病情况记载**

年　　　单位：　　　　　　　　　　　　　　调查人：

条田号	面积	品种	连作年限	种子来源	土壤质地	调查株数	病株数	死株数	发病率（%）	严重度					病情指数	肥水管理	防治情况	备注
										0	1	2	3	4				

表 2—5　　**棉花枯萎病普查汇总**

年　　　单位：　　　　　　　　　　　　　　调查人：

单位名称	棉花播种面积（$667\ m^2$）	发病面积（$667\ m^2$）	无病连队或条田（个）	有病连队或条田（个）	枯萎病面积（亩）							
					发病率 0.1%以下	发病率 0.1%～0.5%	发病率 0.5%～2.0%	发病率 2.0%～5%	发病率 5%～10%	发病率 10%～20%	发病率 20%～30%	发病率 30%以上

4 级：病株叶片有 75% 以上表现病状，焦枯脱落，甚至整株出现急性凋萎死亡。

6）棉花枯萎病剖秆调查病情分级标准

0 级：木质部洁白无病变；

1 级：木质部有少数变色条纹，变色面积占剖面的 1/4 以下；

2 级：木质部有多数变色条纹，变色面积占剖面的 1/4～1/2；

3 级：木质部变色面积占剖面的 1/2～3/4；

4 级：木质部变色面积占剖面的 3/4 以上。

7）调查资料的计算和记载。公式如下：

$$\text{发病率（\%）}=\frac{\text{调查病株数}}{\text{调查总株数}}\times 100\%$$

$$\text{病情指数}=\frac{\sum\text{（各严重度级别}\times\text{各级株数）}}{\text{调查株数}\times 4}$$

8）病区划分标准

无病区：无病株。

零星病区：发病率在 0.5% 以下。

轻病区：发病率在 0.5%～2.0%，没有明显发病中心。

中度病区：发病率在 2.1%～5%，有较明显发病中心。

重病区：发病率在5%以上，有明显发病中心，全田较普遍发病。

2. 棉苗立枯病

（1）症状识别。棉子发芽后就能受害，在土中腐烂。受害轻的，还能出土，幼苗茎基部产生紫红色条纹，以后扩大成梭形病斑，稍凹陷，严重时失水纵裂，最后使幼苗枯死。农民称其为烂根病。子叶上的病斑多在叶边，呈半圆形，在叶中的呈圆形，灰褐色，外边红褐色（见彩图2）。发病的适温在20℃以下，阴湿多雨、低温、黏性土壤和排水不良的低洼地发病重。

（2）大田普查。于棉苗烂根病发病为害高峰期普查，按当地土壤类型、品种布局比例普查10块以上有代表性棉田，每块田取样10个点，每点随机查20株，调查统计发病株数、死苗数、死亡率等（见表2—6）。

表2—6　　棉花苗期烂根病普查

年　　单位：　　调查人：

日期		条田面积（667 m^2）	土壤类型	播期	调查株数（株）	病株数（株）	死株数（株）	发病率（%）	死亡率（%）	备注：栽培模式、防治情况（拌种、种子包衣）等。
月	日									
加权平均										

3. 棉花蚜虫

在棉花上已发现的蚜虫主要有5种，即棉蚜、棉长管蚜、棉黑蚜、拐枣蚜、菜豆根蚜。其中为害棉花的以棉蚜为主，它是新疆地区棉花上的重要害虫之一。

（1）棉蚜

1）症状识别。棉蚜以刺吸口器插入棉叶背面或嫩头部分，吸食汁液，受害叶片向背面卷缩，叶表有蚜虫排泄的蜜露，往往滋生霉菌。棉花受害后植株矮小，叶片变小，叶数减少，现蕾迟、蕾铃减少等。

2）形态识别。无翅孤雌蚜：卵圆形，体深绿、草绿至黄色，前胸与中胸背面有断续灰黑色斑。腹部各节节间斑黑色。第7、8节背中有狭短灰黑横带，胸部各节及腹部第2～4节各有缘斑1对，腹管后斑大。触角第1节、第2节、第6节及第5节端部1/3，喙第3节及第4+5节，胫节端部1/7～1/5及跗节、腹管、尾片及尾板灰黑至黑色。中胸腹岔无柄。腹管长圆筒形，有瓦纹、缘凸和切痕。尾片圆锥形，近中部收缩有瓦纹，曲毛4～7根，一般5根。尾板末端圆，有长毛16～17根。生殖板有9～13根。

有翅孤雌蚜：长卵圆形。活体头、胸黑色，腹部深绿、草绿乃至黄色，早春和深秋多深绿，夏季多黄色。触角第 3 节有小圆形次生感觉圈 4 ~ 10 个，一般 6 ~ 7 个，第 4 节0 ~ 2个。但秋季有翅母蚜触角第 3 节次生感觉圈增至 7 ~ 14 个，一般 9 个，第 4 节 0 ~ 4 个（见图 2—47）。

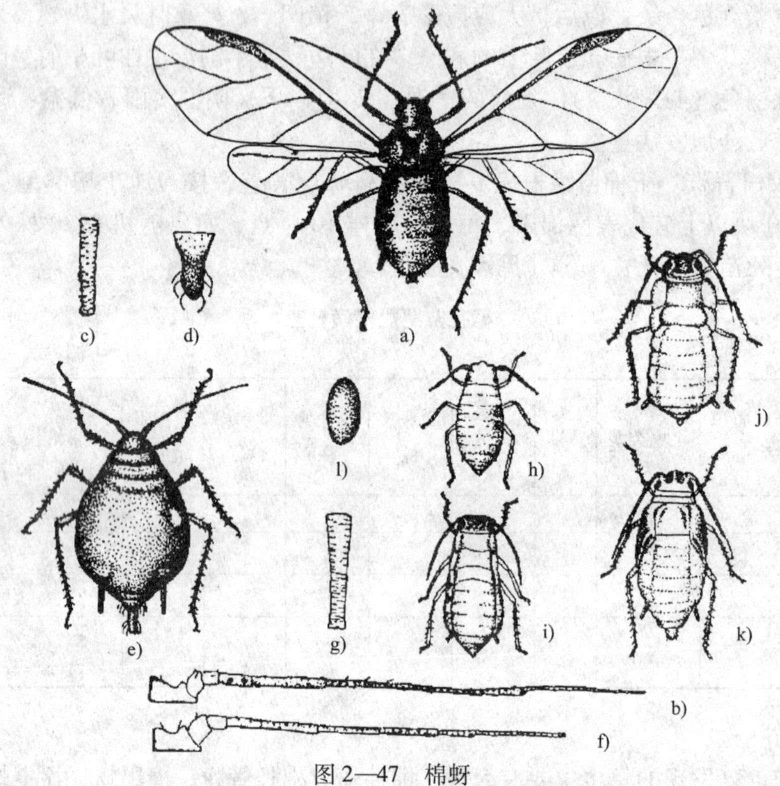

图 2—47　棉蚜

有翅胎生翅蚜：a）雌蚜　b）触角　c）腹管　d）尾片

无翅胎生翅蚜：e）成虫背面　f）触角　g）腹管

有翅胎生翅蚜：h）第一龄若虫　i）第二龄若虫　j）第三龄若虫　k）第四龄若虫　l）卵

3）大田普查

①苗期棉蚜普查。每次大面积防治前普查 10 块以上有代表性棉田，按当地类型田比例取样，每块田 10 点取样，每点随机查 20 株，调查统计有蚜株数和卷叶株数、有蚜株率和卷叶株率。未防治棉田在棉蚜发生高峰期普查一次（见表 2—7）。

表 2—7　　　　苗期棉蚜普查

年　　　单位：　　　　　　　　　　　　　　调查人：

调查日期		地点	类型田	调查株数（株）	有蚜株数（株）	有蚜株率（%）	卷叶株数（株）	卷叶株率（%）	防治情况	
月	日								防治日期	防治方法

②伏期棉蚜普查。每次大面积防治前普查10块以上有代表性棉田，按当地类型田比例取样，每块田5点取样，每点随机查20株，调查统计油斑株率和卷叶株率。未防治棉田在棉蚜发生高峰期普查一次（见表2—8）。

表2—8　　伏期棉蚜普查

年　　　　单位：　　　　　　调查人：

调查日期		地点	调查株数（株）	油斑株数（株）	卷叶株数（株）	油斑株率（%）	卷叶株率（%）	防治情况	
月	日							防治日期	防治方法
平均									

（2）棉黑蚜

1）症状识别。在棉苗上群集于嫩头、子叶、真叶反面，吸食汁液，幼叶弯曲皱缩，生长点枯萎脱落，各节腋芽丛生，形成粗短、多杈畸形丛生的棉株，生长停滞。

2）形态识别。无翅孤雌蚜：体宽卵形，活时黑褐色，略被薄蜡粉，稍有光泽。腹部第1~6节各节中斑与侧斑，腹管前斑与后斑相合成为一大斑。触角第1节、第2节、第6节，喙第3节、第4+5节，腿节端部1/3节，胫节端部1/6节，跗节及生殖板黑色，腹管、尾片及尾板漆黑。中胸腹岔有短柄，有时无柄。腹管瓦纹漆黑，两缘有钝锯齿，缘突小，切迹可见。尾片圆锥形，基部有时收缩，中部常收缩，有微刺，有曲毛6~9根。

有翅孤雌蚜：体长纺锤形，活体头黑褐色。腹部第2~5节有断续中斑，有时融合为横带，第6节横带有时与腹管后斑相合，第7、8横带横贯全节，第2~4节缘斑不规则大圆形，触角第3节基部1/3淡色，有感觉圈5~7个（见图2—48）。

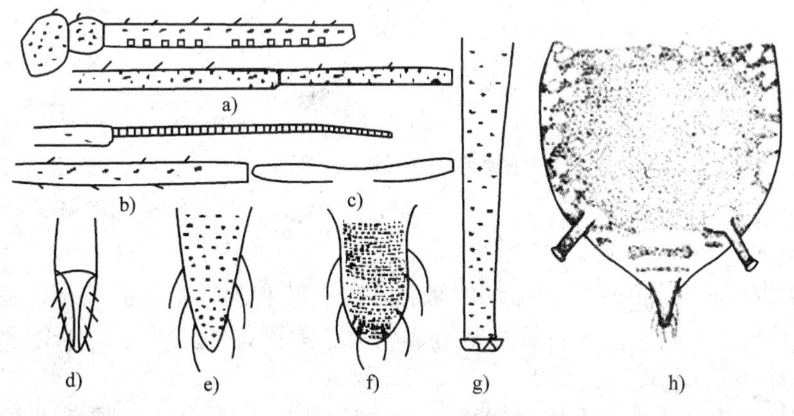

图2—48　棉黑蚜

无翅孤雌蚜：b）触角（Ⅲ）　c）中胸腹岔　d）喙端部　f）尾片　g）腹管　h）腹部斑纹

有翅孤雌蚜：a）触角（Ⅲ）　e）尾片

单元 2

3）大田普查。同棉蚜。

（3）棉长管蚜

1）症状识别。散生，一般不群集为害，虫口数量大时造成棉花油叶，但很少造成卷叶。

2）形态识别。无翅孤雌蚜：体椭圆形，活时全身草绿色，被蜡粉。触角淡色，第2~6节关节处及第6节基部与鞭部相接处黑色；喙顶端、各腿节顶端及跗节黑色，各胫节端部、腹管顶端、尾片、尾板及生殖板褐色到深褐。中额瘤不显，额瘤显著外倾，呈“U”形。腹管长管形，长1.5 mm，等于触角第4、5节长度之和，基部宽大，为端部宽的3倍，有微瓦纹和缘突。尾片长圆锥形，长度为腹管的1/3，满布微刺突，有曲毛8~13根，尾片末端圆形，有毛8~12根。

有翅孤雌蚜：体椭圆形，触角第1节、第2节稍骨化淡色，第4~6节黑色，各节间处深黑色；其他附肢色泽同无翅蚜纹。触角稍短于体长，第3节基部2/3有小圆形次生感觉圈10~20个，位于外侧，排列一行，腹管长1.1 mm，为触角第3节长的1.1倍。尾片有毛8~12根。尾板有毛6~12根。其他特征与无翅型相似（见图2—49）。

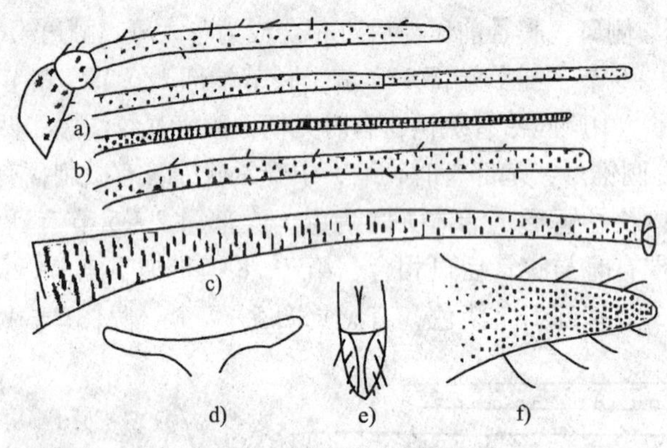

图2—49　棉长管蚜

无翅孤雌蚜：b）触角（Ⅲ）　c）腹管　d）中胸腹　e）喙端部　f）尾片

有翅孤雌蚜：a）触角（Ⅲ）

3）大田普查。同棉蚜。

4. 棉铃虫

（1）症状识别。幼苗时蛀食棉株的嫩尖、蕾、花和青铃。幼苗被害，苞叶张开，随即脱落。小铃常被吃空，大铃被蛀常造成腐烂。除棉花外，还为害小麦、豌豆、苜蓿、玉米、番茄等作物。

（2）形态识别。成虫：体长约17.4 mm，翅展约4.5 mm，一般雌蛾黄褐色，雄蛾灰绿色，前翅外缘各脉间有小黑点，近外缘处有一暗褐色宽带，稍近前缘处有两个暗褐色斑（环状纹与肾状纹）。

卵：初产乳白色，直径0.5～0.8 mm。

幼虫：老熟的体长约40 mm，体色变化大，一般有淡红、黄白、淡绿、绿色等几种，气门线白色，身体背面有十几条细纵线条，各腹节上有刚毛疣12个，刚毛较长。

蛹：长17～20.4 mm，腹部第5～7节前缘密布环状刻点，尾端具臀刺两个（见图2—50）。

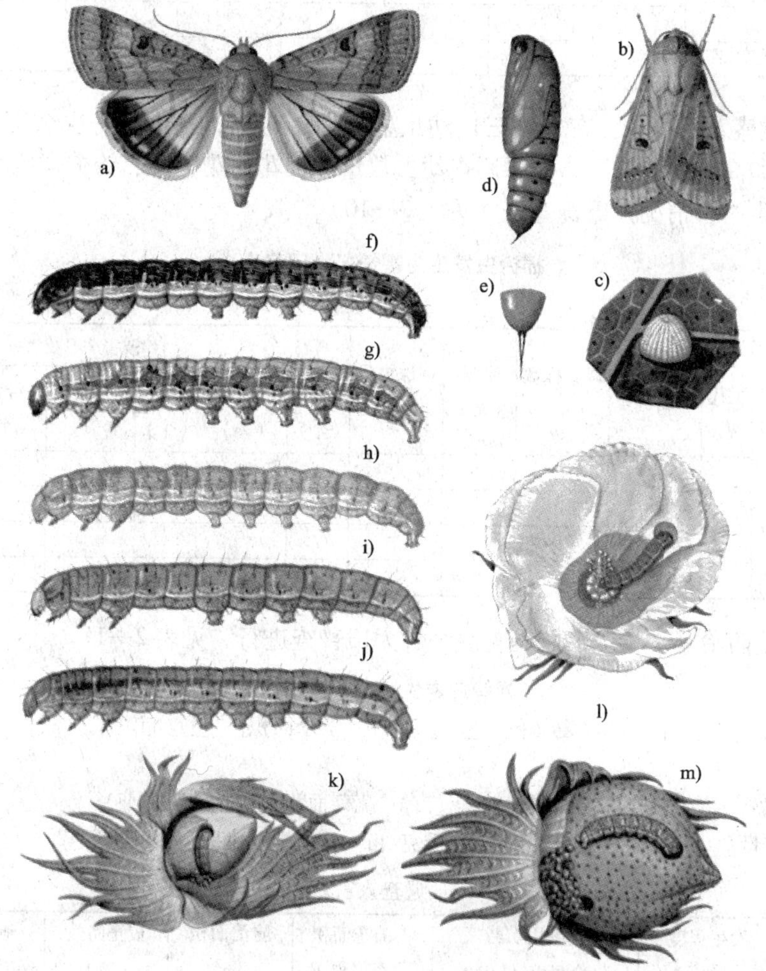

图2—50　棉铃虫

a）成虫　b）成虫静止状　c）卵放大　d）蛹　e）蛹的尾部　f）～j）幼虫及体色类型　k）蛀食幼蕾状　l）蛀食花状　m）蛀食铃状

（3）大田普查

1）卵高峰期普查。对棉田分类，重点普查一、二类田的高峰卵量。每块田5点取样，每点20株，共普查10～20块田。结果记入棉铃虫卵高峰期大田普查表（见表2—9）。

表 2—9　　棉铃虫卵高峰期大田普查

年　　单位：　　调查人：

日期		地点	世代	棉田类型	调查株数（株）	有卵株数（株）	卵量（粒）	百株卵量（粒）	有虫株数（株）	幼虫量（头）	百株虫量（头）
月	日										

2）幼虫盛发期普查。在二、三代幼虫盛发期，对棉田各进行一次被害情况调查，调查方法与卵高峰期普查同，主要调查幼虫数量和棉花的花、蕾、铃被害情况，结果记入棉铃虫发生为害情况大田普查表（见表 2—10）。

表 2—10　　棉铃虫发生为害情况大田普查

年　　单位：　　调查人：

日期		地点	世代	棉田类型	调查株数（株）	虫量（头）	百株虫量（头）	被害率					
年	月							蕾数（个）	蕾被害率（%）	花数（个）	花被害率（%）	铃数（个）	铃被害率（%）

3）发生防治基本情况汇总调查。结合大田普查进行，见表 2—11。

表 2—11　　棉铃虫发生防治基本情况

耕地面积________亩　小麦面积________亩　玉米面积________亩

棉花面积________亩　高粱面积________亩　蔬菜面积（包括加工番茄）________亩

皮棉总产量______t　平均皮棉产量____千克/亩　棉花平均密度_____株/亩

年　　单位：　　调查人：

代别	发生程度（级）	应该用农药防治面积（hm^2）	占棉花面积比率（%）	防治面积（hm^2）	校正防效（%）	施药棉田平均防治次数（次）
一						
二						
三						
四						
合计						

年度发生程度（级）：________

5. 棉叶螨

（1）症状识别。棉叶螨一般在棉叶背面活动，取食为害，也可在棉花的嫩枝、嫩茎、花萼、果柄及幼嫩的蕾铃部位为害。以口针刺入绿色组织，吸取汁液和叶绿体，被害部分因棉花品种、螨量的密集程度、为害时间以及螨类的不同等表现出不同的症状。以土耳其斯坦叶螨为例，棉花被害后，初期叶正面呈现黄白色斑点，当螨量密集时，很快呈现出橘黄色斑，严重时呈现紫红色斑块。被害处的叶背面有丝网和土粒黏结，呈现土黄色斑块。为害严重时，叶片扭曲变形，甚至枯萎脱落。为害嫩茎、苞叶或蕾铃时，便会形成锈色斑。如果长绒棉被害，并不出现紫红色斑块，叶片褪绿或变枯黄（见彩图3）。

截形叶螨和土耳其斯坦叶螨的为害状也有明显的不同，在棉叶正面出现症状较晚，且不呈现紫红色斑块，仅表现出褪绿或变枯黄。其发生为害更加隐蔽（见彩图4）。

（2）形态识别

1）土耳其斯坦叶螨

雌螨：体长0.48～0.58 mm，宽0.36 mm。椭圆形，体呈黄绿、黄褐、浅黄或墨绿色（越冬雌螨为橘红色），体两侧有不规则的黑斑（见图2—51a）；须肢端感器柱形，其长2倍于宽，背感器短于端感器，梭形。气门沟末呈“U”形弯曲。各足爪间突呈3对刺状毛，足Ⅰ跗节2对双毛远离。

雄螨：体长0.38 mm，浅黄色，菱形。阳茎柄部弯向背面，形成一大端锤，近侧突起圆钝，远侧突起尖利，其背缘近端侧的1/3处有一角度。

卵：圆形，初产时，透明如珍珠，近孵化时，为淡黄色。直径为0.12～0.14 mm。

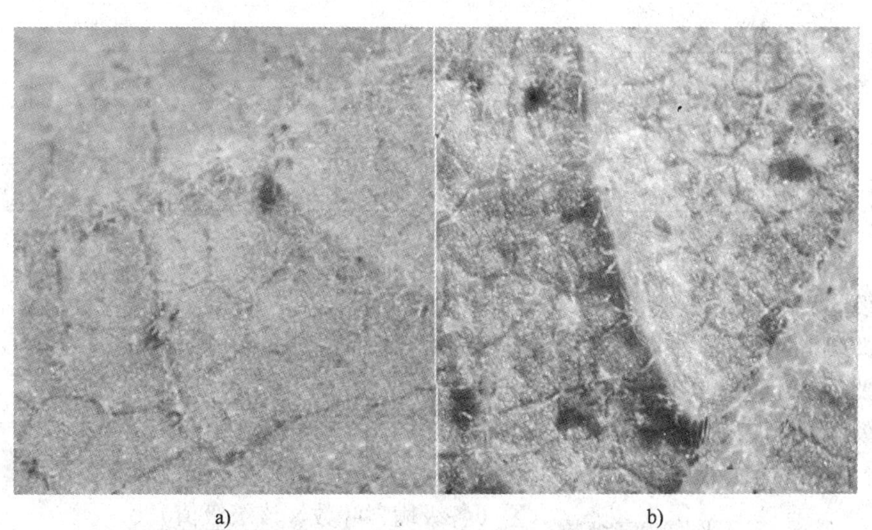

a)　　b)

图2—51　棉叶螨

a）土耳其斯坦叶螨　b）截形叶螨

幼螨：3 对足，体近圆形，长 0. 16 ~ 0. 22 mm。

若螨：体椭圆形，长 0. 30 ~ 0. 50 mm。有足 4 对，体浅黄色或灰白色，行动迅速。

2）截形叶螨

雌螨：体长 0. 44 ~ 0. 51 mm，椭圆形，深红色或红色。

雄螨：体长 0. 36 mm，须肢端感器柱形，其长为宽的 2. 5 倍。阳茎端锤的背缘平截，在末端的 1/3 处有一浅的凹陷（见彩图 5）。

3）敦煌叶螨

雌螨：体长 0. 47 ~ 0. 53 mm，黄绿色或浅黄色。第 3 对背中毛和内底毛间有菱形纹。

雄螨：体长 0. 28 ~ 0. 37 mm，浅黄色，眼点红色。阳茎端锤小型，与柄部横轴有一定角度，其近侧突起短而圆钝，远侧突起稍长。

（3）大田普查

1）普查时间。分别于苗期、花蕾期、花铃期，棉花叶螨为害高峰前，各进行一次普查。

2）普查方法。每种类型田普查 3 块，普查田不少于 10 块，应特别注意对历年叶螨发生重的棉田进行调查。按“Z”形目测踏查。每块田查 8 ~ 10 点，每点查 20 株，对有为害状的棉株，取主茎上、中、下各一片叶，记载螨害级别（见表 2—12）。

表 2—12　　棉田棉花叶螨普查记载

年　　　单位：　　　　　　　　调查人：

日期		田块序号	田块类型	螨害株率（%）	各级螨害				平均螨害级数	防治情况
月	日				0	1	2	3		

3）螨害分级标准

0 级：无为害。

1 级：叶面出现零星红斑点，红斑面积占叶面面积的 1/10 以下。

2 级：红斑面积占叶面面积的 1/10 ~ 1/3。

3 级：红斑面积占叶面面积的 1/3 以上。

4）平均螨害级数计算，公式如下：

$$\text{平均螨害级数} = \frac{\sum（\text{各级螨害叶数} \times \text{该级级值}）}{\text{调查总叶数}}$$

二、小麦主要病虫害的识别和田间调查

1．小麦锈病

（1）症状识别

小麦发生锈病后，光合作用面积减少，叶绿素被破坏，表皮破裂，水分散失，小麦生长发育受到严重影响。小麦锈病又可分为条锈病、叶锈病、秆锈病三种。三种锈病共同的特点是在叶或茎秆上产生黄色或褐色夏孢子堆，表皮破裂后，散出铁锈状物质，故称锈病。后期病部形成黑色疱状小突起，是病菌的冬孢子堆。三种锈病的症状区别主要表现在孢子堆的分布、大小、形状、颜色和排列方式上。广大农民群众对三种锈病的症状有一个形象的描述："条锈成行，叶锈乱，秆锈是个大褐斑"（见表2—10和彩图6）。

表2—13　三种锈病的症状区别

项目		条锈病	叶锈病	秆锈病
发生部位		以叶为主，叶鞘次之，穗少见	以叶为主，叶鞘次之，穗少见	茎及叶鞘为主，叶和穗也有发生
夏孢子堆	颜色	鲜黄色	橘红色	深褐色
	形状	长椭圆形，相对最小	圆形、近圆形至椭圆形	长椭圆形至长方形
	排列	顺叶脉排列成整齐虚线条状	散乱、不规则	散乱、不规则，常连成大斑
	表皮破裂情况	破裂不明显	破裂不明显	破裂，向外翻转

（2）大田普查

1）小麦早期锈病普查

①普查时间。小麦返青后15～20天左右调查，若没有发病，则应间隔一段时间再行普查。

②普查方法。选感病品种早播和适期播种大田15块以上，若锈病点片发生，则5点取样，每点取67 m^2，低头慢步踏查传病中心和单片叶发生情况；若全田已普遍发病，则每点取2 m^2，随机检查200个叶片的发病情况。另外选1 m行长，调查叶片数目，估算叶片密度（片/亩）。调查内容计入表2—14中。

2）小麦生长后期锈病普查

①普查时间。在小麦乳熟期或当年病情停止发展前进行普查。

②普查方法。调查当地早、中、晚播各类或具代表性栽培条件的麦田，田块数不少于10块，每块田5点取样，每点2 m行长，各点随机检查100个叶片（旗叶和旗下一叶）。计算平均普遍率、平均严重度，判定反应型（见表2—15）。

表 2—14　　小麦早期锈病普查

年　　单位：　　锈病种类：　　调查人：

日期	地点	条田	品种	播期	条田面积（亩）	点片发病阶段						普遍发生阶段				备注
						实查面积（亩）	叶片密度（片/亩）	发病中心密度（个/亩）	发病中心平均面积（m^2）	发病中心平均病叶数	单片病叶密度（片/亩）	调查叶片数	发病叶片数	普遍率（%）	严重度（%）	地势、海拔高度、灌溉情况
平均																病田率（%）

表 2—15　　小麦生长后期锈病病情普查

年　　单位：　　锈病种类：　　调查人：

日期	品种	调查田块数	生育期	类型田 1		类型田 2		类型田 3		类型田 4		类型田 5		品种总平均			备注
				普遍率	严重度	普遍率	严重度	普遍率	严重度	普遍率	严重度	普遍率	严重度	普遍率	严重度	反应型	地势、海拔高度、播期等

病叶上条锈病菌夏孢子堆所占据的面积与叶片面积的相对百分率，用分级法表示严重度，分为：

1 级：锈病夏孢子堆占叶面面积的 1%。

2 级：锈病夏孢子堆占叶面面积的 5%。

3 级：锈病夏孢子堆占叶面面积的 10%。

4 级：锈病夏孢子堆占叶面面积的 20%。

5 级：锈病夏孢子堆占叶面面积的 40%。

6 级：锈病夏孢子堆占叶面面积的 60%。

7 级：锈病夏孢子堆占叶面面积的 80%。

8 级：锈病夏孢子堆占叶面面积的 100%。

计算公式如下：

$$平均严重度=\frac{\sum（各严重度级别\times各级叶片数）}{调查总叶数}$$

$$发病率（\%）=\frac{调查病株数}{调查总株数}\times 100\%$$

反应型是根据小麦过敏性坏死反应有无和其强度划分的病斑类型，用以表示小麦品种的抗锈程度（见图 2—52），按 0、1、2、3、4、5 六个类型记载。

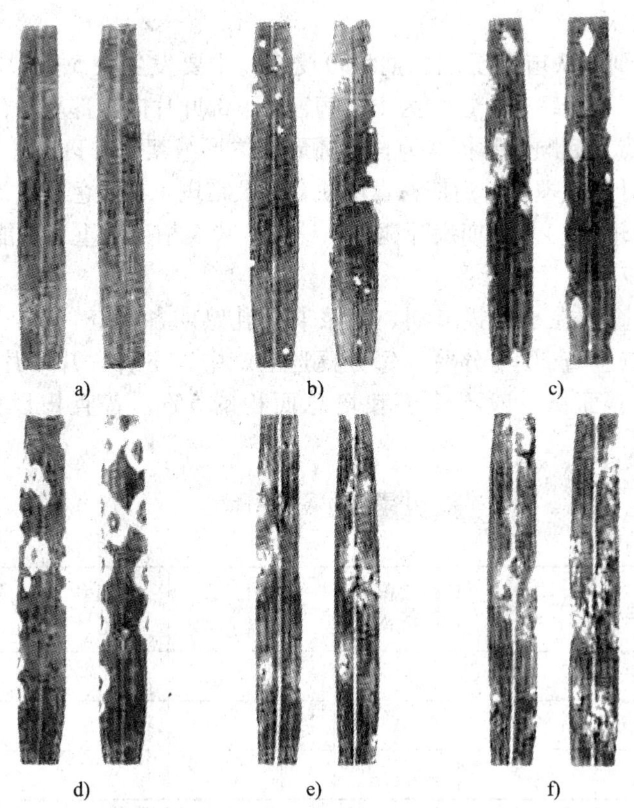

a)　b)　c)

d)　e)　f)

图 2—52　小麦品种对秆锈病抗病程度的分级标准

a）0 级：免疫型　b）1 级：近免疫型　c）2 级：高度抗病型　d）3 级：中度抗病型

e）4 级：中度感病型　f）5 级：高度感病型

反应型划分标准如下：

0（免疫型）：未产生夏孢子堆，叶面上完全无症状。

1（近免疫型）：未产生夏孢子堆，但产生小型枯死斑点。

2（高度抗病型）：叶上产生小型枯死斑，夏孢子堆很小，数量少，未破裂，孢子堆四周有枯死反应。

3（中度抗病型）：夏孢子堆小到中等，数量较少，条锈夏孢子堆可呈短条状，但两端和四周有枯死和失绿反应，限制孢子堆的扩展。秆锈夏孢子堆长于绿色组织上，绿色组织外有一失绿环或枯死环围绕，形成“绿岛”型反应。

4（中度感病型）：夏孢子堆小到中等大小，数目较多，孢子堆周围叶组织无枯死反应，但有轻微失绿现象，秆锈夏孢子堆很少合并。

5（高度感病型）：夏孢子堆大而多，周围不褪绿。

2. 小麦白粉病

（1）症状识别。从苗期至成株期均可受害，主要发生在5—6月份。为害叶、叶鞘、茎秆、穗部、芒、颖壳，以叶为主，病害从下部叶片向上部蔓延，初在叶面出现淡褐色的蛛丝状霉点，后顺叶脉扩展为长椭圆形或梭形绒絮状霉斑，叶正面多于叶背面，在相应的叶背面叶组织褪绿，后期粉霉层联合成大霉斑。在灰色或浅褐色霉层上散生许多黑色小点（即闭囊壳）。后期病叶褪绿，枯黄，甚至枯死，重者不能抽穗，籽秕，严重减产（见彩图7）。

（2）大田普查。在小麦拔节期、灌浆期、乳熟期各普查一次，调查时每块田随机取10点，每点检查30个分蘖，每分蘖选上、中、下各一片叶片，调查作物发病和防治情况，普查面积一般不低于栽培总面积的5%，普查田以中、高产田为主（见表2—16）。

表2—16　　小麦白粉病病情普查

年　　单位：　　调查人：

调查日期	调查地点	品种	面积（亩）	调查叶片数（片）	发病率（%）	病叶率（%）	防治情况
加权平均							

发生防治基本情况汇总调查。结合大田普查进行（见表2—17）。

表2—17　　发生防治基本情况汇总调查

年　　单位：　　调查人：

时间	种植面积（亩）	发生面积（亩）	防治面积（亩）	发生程度	发病率（%）	备注
拔节期						
灌浆期						
乳熟期						

全年发生程度：　　级

3. 小麦散黑穗病

（1）症状识别。病穗未抽出前，健叶大多发黄，小穗已全部被病菌破坏，子房、种皮及颖片稍大，只见一层薄膜包裹着一团黑色粉末状的病菌厚垣孢子。病穗抽出不久，薄膜破裂，黑粉散出，全穗只留下一根裸露弯曲的穗轴。间或也留有少数健全的小穗。偶尔也在叶片和茎秆上产生黑色条状孢子堆。一般病株比健株提早几天抽穗（见图 2—53）。

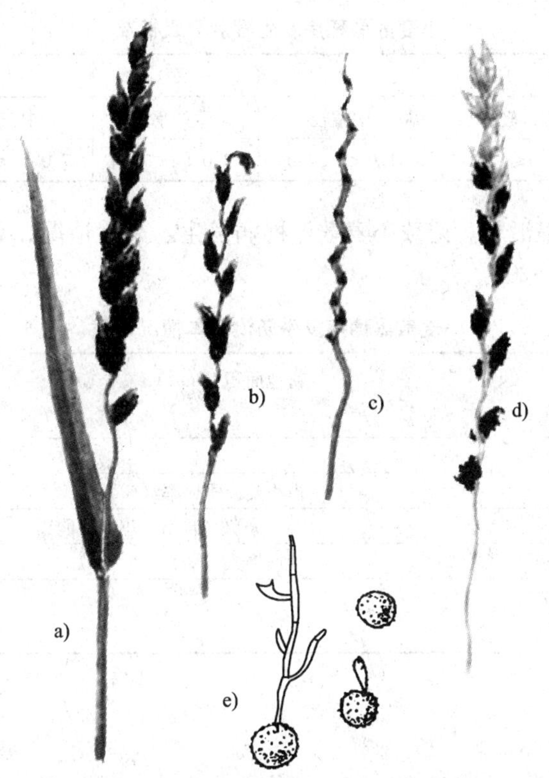

图 2—53　小麦散黑穗病

a）～d）病穗症状　e）病原菌厚膜孢子及其萌发

（2）大田普查

1）普查方法。小麦扬花期，选择当地主栽品种的麦田进行调查，调查田块一般不少于 10 块，每块田代表面积不少于 1.5 万亩。每块田单对角线 10 点取样，每点调查 1 m^2，调查总穗数、发病穗数，并计算病点率和病穗率。将普查结果填入表 2—18。

2）发病程度划分标准。小麦散黑穗病的发生程度以当地小麦扬花期平均病穗率确定，划分为 5 级，发生程度分级标准见表 2—19。

表 2—18　　小麦散黑穗病病情普查

年　　单位：　　　　调查人：

调查日期	调查地点	品种	代表面积（亩）	调查点数（个）	发病点个数（个）	病点率（%）	调查穗数（个）	发病穗数（个）	病穗率（%）	备注

表 2—19　　小麦散黑穗病发生程度分级标准

级别	1	2	3	4	5
发生程度	轻	中偏轻	中等	中偏重	大发生
病穗率（a）（%）	a≤1.0	1.0＜a≤4.0	4.0＜a≤7.0	7.0＜a≤10.0	a＞10.0

3）测报资料收集汇总。记载小麦散黑穗病发生、防治情况，总结发生特点，进行原因分析，填入表 2—20。

表 2—20　　小麦散黑穗病发生防治基本情况记载

小麦面积（hm^2）	耕地面积（hm^2）
小麦面积占耕地面积比率（%）	
主栽品种	
发生面积（hm^2）	占小麦面积比率（%）
杀菌剂拌种面积（hm^2）	种子来源（自留、串换、购买）
发生程度　　实际损失（kg）	挽回损失（kg）
发生和防治概况与原因简述：	

4. 麦蚜

（1）症状识别

1）麦长管蚜。新疆普遍发生，寄主植物是小麦、大麦、燕麦、水稻等禾谷类作物及禾本科杂草。常在寄主的叶片正面和穗上为害，使叶片产生褐色的斑点。麦长管蚜在小麦苗期为害，由于数量较少，对植株影响较小；穗期特别是灌浆的子粒形成期，为害造成的减产特别严重，蜡熟期损失较轻（见图 2—54）。

2）麦二叉蚜。新疆普遍发生，寄主植物是小麦、高粱、大麦、黑麦、燕麦、水稻等禾谷类作物及禾本科杂草，常在小麦叶片正反面及叶鞘内外为害，使叶片产生黄色、黄褐色的斑点和条斑，为害盛期在拔节孕穗期，此时蚜虫常潜伏在未抽出的穗包内为害。蚜虫为害后，轻者植株发育延迟，子粒不饱满，重则叶片枯干，麦株瘦弱，甚至造成白穗，对产量影响很大（见图 2—55）。

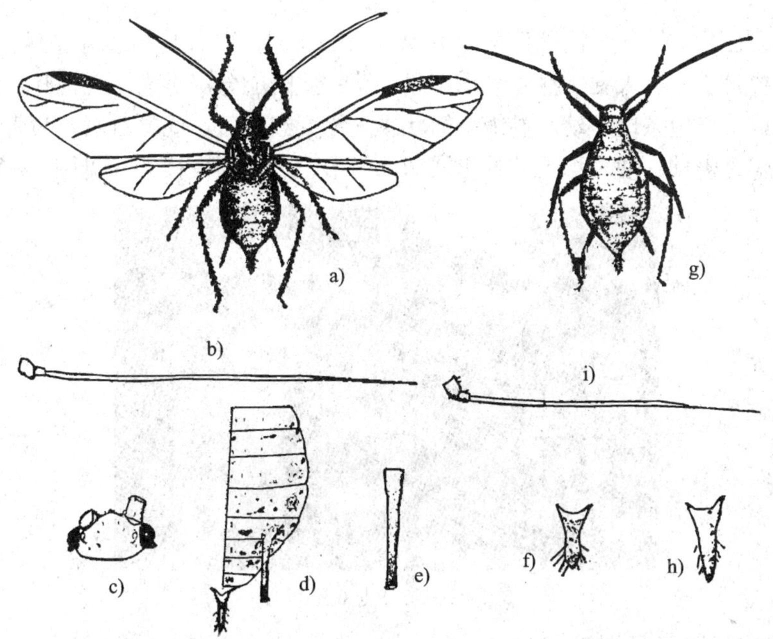

图 2—54　麦长管蚜

有翅雌蚜：a）成虫　b）触角　c）头部　d）腹部左侧　e）腹管　f）尾片

无翅雌蚜：g）成虫　h）尾片　i）触角

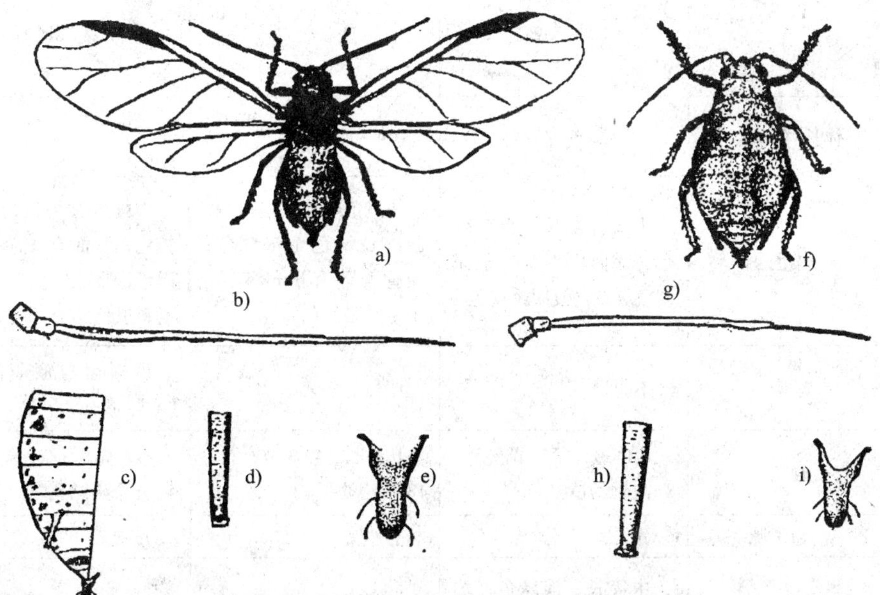

图 2—55　麦二叉蚜

有翅雌蚜：a）成虫　b）触角　c）腹部左侧　d）腹管　e）尾片

无翅雌蚜：f）成虫　g）触角　h）腹管　i）尾片

3）麦双尾蚜。在塔城、阿勒泰、伊犁、天山北麓，以及乌恰、叶城低山农田发现，寄主植物主要是小麦、大麦、燕麦和禾本科杂草，此蚜能分泌毒素，受害叶片沿叶脉出现白色、黄色或紫红色条斑；幼叶卷缩呈筒状，失绿变红变黄；此蚜对旗叶为害极重，使其褪绿卷缩，包裹麦穗，使麦穗无法抽出或扭曲变形，产量损失很大（见图2—56）。

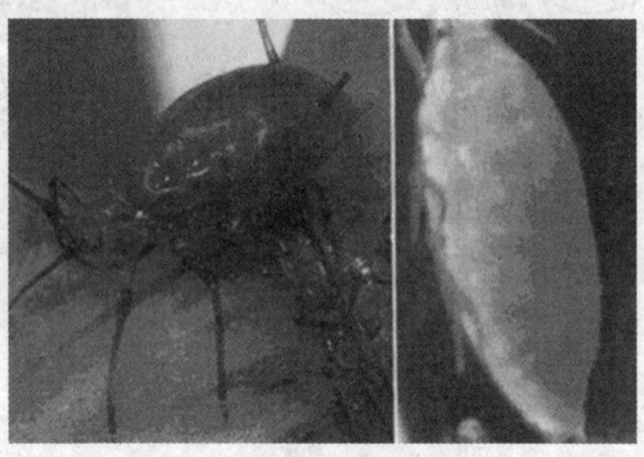

图2—56　麦双尾蚜

（2）形态识别（见表2—21）。

表2—21　　三种麦蚜形态的主要区别

类型	特征 \ 种类	麦二叉蚜	麦长管蚜	麦双尾蚜
有翅胎生蚜	体长（mm）	1.8～2.3	0.4～2.8	狭长，2.5，长约为宽的3倍
	体色	头胸部灰黑，腹部绿色，背面中央有一条深绿色纵线。复眼黑褐色	头胸部暗绿或暗褐色，腹部黄绿色至浓绿色，腹背两侧有褐斑4～5个，复眼红色	头胸部黄褐色，胸部黄褐色，背面有3个明显的黑斑，腹部也有3个黑斑，复眼黑色
	额瘤	不明显	明显、外倾	中额瘤与额瘤隆起呈"W"形
	触角	比体短，第3节有5～8个感觉孔	比体长，第3节有6～18个感觉孔	不及体长1/2，第3节有4～6个感觉孔
	前翅中脉	分二叉	分三叉	分三叉
	腹管	中等长，淡绿色，端部暗褐色，末端缢短，向内倾斜	极长，全部黑褐色，端部有网状纹	很短，黄色，顶端和四周黑色

续表

类型	特征＼种类	麦二叉蚜	麦长管蚜	麦双尾蚜
有翅胎生蚜	尾片	圆锥状，中等长，黑色，有两对长毛	管状，极长，黄绿色，有3~4对长毛（有时两侧不对称）	指状，较长，黄褐绿色，中部稍膨大，上有4根毛，其上方有明显上尾片，黄褐色大于腹管而小于尾片，顶端黑色，略膨大
无翅胎生蚜	体长（mm）	1.4~2	2.3~2.9	狭长，1.6
	体色	淡黄绿色至绿色，背面中央有条深绿色的纵线	淡绿色或黄绿色，背侧有褐色斑点，复眼赤褐色	胸部草绿色至米黄色，上覆一层白色蜡粉，体乳白色，腹部腹面末端黑色
	触角	为体长的一半或稍长	与体等长或超过体长，黑色，第3节有0~4个感觉孔，第6节鞭部长为基部的5倍	不及体长之半，鞭部黑色

（3）大田普查。在小麦苗期和穗期麦蚜为害期防治前（未防治的在发生高峰期）进行2次大面积大田普查，普查有代表性的麦田不少于15块，普查以高、中产田为主，普查的田块尽可能多一些，普查面积一般不低于栽培总面积的5%。每块田平行取10个点，每点查20株（茎），将普查结果填入表2—22。

表2—22　　麦蚜危害期大田普查

年　　单位：　　调查人：

日期	地点	类型田	面积（hm^2）	调查株（茎）数（株）	有蚜株（茎）数（株）	有蚜株（茎）率（%）	麦长管蚜		麦二叉蚜		总蚜量	发生严重度（级）	防治情况
							无翅蚜（头）	有翅蚜（头）	无翅蚜（头）	有翅蚜（头）			
加权平均													

发生防治基本情况汇总调查。结合大田普查进行（见表2—23）。

表 2—23　发生防治基本情况汇总调查

年　　　单位：　　　　　　　　　　　　　　调查人：

时间	种植面积（亩）	发生面积（亩）	防治面积（亩）	发生程度	被害率（%）	备注
苗期						
穗期						

5. 黑森瘿蚊

（1）症状识别。黑森瘿蚊在新疆主要为害小麦。黑森瘿蚊初孵幼虫，在叶鞘与茎秆之间并不蛀入，仅吸取茎的汁液。小麦苗期幼虫在表土以下的茎节处为害，使生长受阻。植株矮小，叶色浓绿，叶片变宽，叶质厚而脆；心叶无法长出，主茎变黄而死，造成缺苗，不得不耕翻改种；即或不死，成穗率仅为正常的1/10；或者麦穗畸形，麦芒弯曲，子粒空瘪。小麦拔节前后受害，幼虫多在地面 1 ~ 2 节处，茎秆受害的地方萎缩变褐，茎节逐个弯曲，小麦变成“之”字的祈祷状，最后倒伏或折断，降低千粒重，影响机械收割。黑森瘿蚊造成的损失与每株虫数有关。据调查，一株小麦有虫 1 ~ 6 头时，冬麦减产 45. 6% ~76. 7%，春麦减产 64. 6% ~83. 3%。

（2）形态识别

1）成虫。纤弱有毛，头、复眼和胸部黑色，腹部黄褐色或红褐色。触角很长，黄色或黄褐色，念珠状。足细长。前翅 1 对，透明，密布短毛，仅有纵脉 3 条，无横脉，后翅变为平衡棒，淡红色。

2）卵。长圆柱形，初产时透明，淡红色，随后出现红色斑块，最后变为红褐色。

3）幼虫。纺锤形，无足，红褐色，蜕皮后变为乳白色，半透明，沿背部中央有一条半透明绿色纵带，系取食植物后消化道内残留的颜色，胸部内有叉形胸骨。

4）围蛹。黄褐色至栗褐色，前端小，呈钝圆，后端大，具凹缘（见图 2—57）。

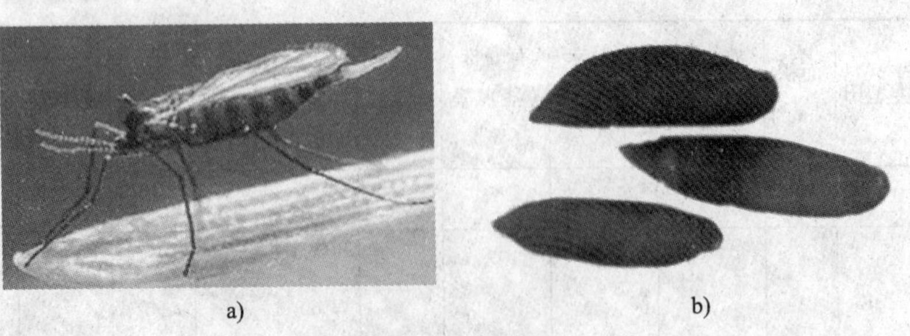

a)　　　　b)

图 2—57　黑森瘿蚊

a）雌成虫　b）蛹

（3）大田普查

1）普查方法。拔节抽穗期采取逐块逐行踏查的方法；乳熟期在全田目测的基础上，对疑似发生的点片有针对性地调查。未发现可疑对象的，采取棋盘式调查方法，5亩以下的地块取点数不少于10点；5~20亩的地块取点数不少于15点；20~50亩的地块取点数不少于20点；50亩以上的地块取点数不少于25点；每点面积为1.0 m²。将普查结果填入表2—24。

表2—24　小麦黑森瘿蚊普查

调查日期	调查地点	小麦品种	土质	为害情况			幼虫数量（头）			备注
				检查株数	被害株数	被害株率（%）	总虫数	平均单株	最多单株	

2）测报资料收集汇总。记载小麦散黑穗病发生、防治情况，总结发生特点，进行原因分析，填入表2—25。

表2—25　小麦黑森瘿蚊发生防治基本情况记载

（麦收后汇总全省情况，省站及时上报）

小麦面积（hm²）		小麦面积占耕地面积比率（%）
主栽品种		
发生面积（hm²）		发生面积占小麦面积比率（%）
防治面积（hm²）		防治面积占小麦面积比率（%）
其中拌种面积（hm²）		喷药面积（hm²）
发生程度	实际损失（t）	挽回损失（t）
发生和防治概况与原因简述：		

三、玉米主要病虫害的识别和田间调查

1．玉米瘤黑粉病

（1）症状识别。此病为局部侵染性病害，在玉米整个生育期，任何地上部的幼嫩组织都可受害。一般苗期发病较少，抽雄后迅速增加。病苗茎叶扭曲畸形，矮缩不长，

茎基部产生小病瘤，苗高 30 cm 左右时症状更明显。严重时早枯。拔节前后，叶片或叶鞘上可出现病瘤。叶片上的病瘤较小，多如豆粒或花生米大小，常成串密生，内部很少形成黑粉。叶片在未出现病瘤之前，先形成褪绿斑，病斑部的叶肉细胞皱缩，失去其特有形态。茎或气生根上的病瘤大小不等，一般如拳头大小。雄花大部分或个别小花感病形成长囊状或角状的病瘤。雌穗被侵染后多在果穗上半部或个别子粒上形成病瘤，严重的全穗形成大的畸形病瘤。病瘤是被侵染的组织因病菌代谢产物的刺激而肿大形成的菌瘿，外被由寄主表皮组织形成的薄膜。病瘤初期白色，有光泽，肉质多汁，以后迅速膨大，表面暗褐色，内部变黑。病瘤成熟后，外膜破裂，散出大量黑粉（冬孢子）（见彩图 8）。

（2）大田普查

1）普查方法。玉米抽雄吐丝后，选择当地主栽品种的玉米田进行调查，调查田块一般不少于 10 块，每块田代表面积不少于 500 亩。每块田单对角线 10 点取样，每点调查 20 株，调查总株数、发病株数，并计算病株率。将普查结果填入表 2—26。

表 2—26　　玉米瘤黑粉病病情普查

年　　　单位：　　　　　　　　　　　　　　　　调查人：

调查日期	调查地点	品种	代表面积（亩）	调查点数（个）	发病点个数（个）	病点率（%）	调查株数（个）	发病株数（个）	病株率（%）	备注

2）测报资料收集汇总。记载小麦散黑穗病发生、防治情况，总结发生特点，进行原因分析。填入表 2—27。

表 2—27　　玉米瘤黑粉病发生防治基本情况记载

玉米面积（hm^2）		耕地面积（hm^2）
玉米面积占耕地面积比率（%）		
主栽品种		
发生面积（hm^2）		占玉米面积比率（%）
杀菌剂拌种面积（hm^2）		种子来源（自留、串换、购买）
发生程度	实际损失（kg）	挽回损失（kg）
发生和防治概况与原因简述：		

2. 玉米丝黑穗病

(1) 症状识别。玉米丝黑穗病菌在苗期侵入到植株生长点，在内部系统扩展，在不同阶段外部有不同症状表现，到穗期表现出典型的症状。幼苗期首先表现为分蘖增多，植株丛生，节间缩短矮化，幼叶叶色暗绿。有些感病品种叶片上出现与叶脉平行的黄色条纹，幼苗心叶卷缩而弯曲。后期出现病穗，病穗成为黑粉包，其内混有丝状寄主维管束。有的病穗因受病原菌的刺激，雌穗表现为畸形，长出管状的刺状物（见彩图9）。

(2) 大田普查

1) 普查方法。玉米子粒灌浆期，选择当地主栽品种的玉米田进行调查，调查田块一般不少于10块，每块田代表面积不少于500亩。每块田单对角线10点取样，每点调查20株，调查总株数、发病株数，并计算病株率。将普查结果填入表2—28。

表2—28　　玉米丝黑穗病病情普查

年　　单位：　　调查人：

调查日期	调查地点	品种	代表面积（亩）	调查点数（个）	发病点个数（个）	病点率（%）	调查株数（个）	发病株数（个）	病株率（%）	备注

2) 测报资料收集汇总。记载玉米丝黑穗病发生、防治情况，总结发生特点，进行原因分析，填入表2—29。

表2—29　　玉米丝黑穗病发生防治基本情况记载

玉米面积（hm^2） 玉米面积占耕地面积比率（%）		耕地面积（hm^2）
主栽品种		
发生面积（hm^2）		占玉米面积比率（%）
杀菌剂拌种面积（hm^2）		种子来源（自留、串换、购买）
发生程度	实际损失（kg）	挽回损失（kg）
发生和防治概况与原因简述：		

3. 玉米茎腐病

(1) 症状识别。病害在玉米灌浆期开始发生，乳熟末期至蜡熟期为显症高峰期。田间症状主要表现为以下3种类型：

1) 青枯型。叶片自上而下或自下而上突然萎蔫，几天内迅速枯死，叶片呈灰绿色，水烫状。病株基部节间变色，较淡，呈水渍状腐烂，果穗常下垂（见彩图10）。

2）慢性型。叶片自下而上或自上而下枯死，但枯死是逐渐的，分黄枯型、紫红型等。叶鞘和茎秆基部也相继变色腐烂，但基部节间一般变色较深，茎基部腐烂较慢，也可引起果穗下垂。

3）茎基局部软腐或湿腐。植株上部为“青枝绿叶”，而茎基部却发生局部软腐或湿腐。

（2）大田普查

1）普查方法。玉米蜡熟期，选择当地主栽品种的玉米田进行调查，调查田块一般不少于10块，每块田代表面积不少于500亩。每块田单对角线10点取样，每点调查20株，调查总株数、发病株数，并计算病株率。将普查结果填入表2—30。

表2—30　玉米茎腐病病情普查

年　　　　单位：　　　　　　　　　　　　　　　　调查人：

调查日期	调查地点	品种	代表面积（亩）	调查点数（个）	发病点个数（个）	病点率（%）	调查株数（个）	发病株数（个）	病株率（%）	备注

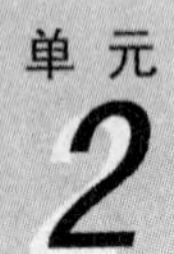

2）测报资料收集汇总。记载玉米茎腐病发生、防治情况，总结发生特点，进行原因分析填入表2—31。

表2—31　玉米茎腐病发生防治基本情况记载

玉米面积（hm^2）		耕地面积（hm^2）
玉米面积占耕地面积比率（%）		
主栽品种		
发生面积（hm^2）		占玉米面积比率（%）
杀菌剂拌种面积（hm^2）		种子来源（自留、串换、购买）
发生程度	实际损失（kg）	挽回损失（kg）
发生和防治概况与原因简述：		

4．玉米疯顶病

（1）症状识别。因侵染时间和发生程度不同症状表现有较大差异。苗期发病分蘖增多，一般分蘖3~5个，多达6~10个，叶色变浅，心叶黄化，叶片扭曲或卷成筒状，心叶不能展开，重者枯死。成株期典型症状是植株矮化，节间缩短，雄穗局部或全部增生成一簇变态小叶，这些变态的叶状花序则称为“丛顶”或“疯顶”，故称疯顶病。有时心叶扭曲紧卷成“牛尾巴状”，轻病株部分雄蕊变态，尚能抽穗结实，但子粒不饱满，重病株则不抽果穗或每节都抽一果穗，但不结实；有的在茎节上丛生多个分枝。病株旗叶通常增宽且厚，叶色变浅，并有黄绿相间的条纹（见彩图 11）。

（2）大田普查

1）普查方法。玉米抽雄吐丝后，选择当地主栽品种的玉米田进行调查，调查田块一般不少于 10 块，每块田代表面积不少于 500 亩。每块田单对角线 10 点取样，每点调查 20 株，调查总株数、发病株数，并计算病株率。将普查结果填入表 2—32。

表 2—32　玉米疯顶病病情普查

年　　单位：　　调查人：

调查日期	调查地点	品种	代表面积（亩）	调查点数（个）	发病点个数（个）	病点率（%）	调查株数（个）	发病株数（个）	病株率（%）	备注

2）测报资料收集汇总。记载玉米疯顶病发生、防治情况，总结发生特点，进行原因分析，填入表 2—33。

表 2—33　玉米疯顶病发生防治基本情况记载

玉米面积（hm^2） 玉米面积占耕地面积比率（%）		耕地面积（hm^2）
主栽品种		
发生面积（hm^2）		占玉米面积比率（%）
杀菌剂拌种面积（hm^2）		种子来源（自留、串换、购买）
发生程度	实际损失（kg）	挽回损失（kg）
发生和防治概况与原因简述：		

5. 玉米矮花叶病

（1）症状识别。此病在玉米整个生长期均可侵染，但以苗期至抽雄前发病最重，抽穗后发病较轻。在田间因品种、感病时期及环境因素不同出现下列几种症状类型：

1）叶肉褪绿为主。发病后病叶叶脉间的叶肉逐渐褪绿变黄，而叶脉及其两侧仍保持绿色，形成明显的条纹型花叶。

2）叶脉褪绿为主。发病后，叶肉褪绿远没有叶脉褪绿明显，最后由于整个叶脉褪绿成为黄白色，而叶肉褪绿不明显，也呈明显的条纹型花叶。

3）叶肉叶脉都褪绿。尽管叶肉叶脉都褪绿，但褪绿部分并不连续，使病叶呈相嵌状斑驳花叶及条斑状花叶（见彩图 12）。

单元 2

（2）大田普查

1）普查取样方法。玉米抽雄后，选择当地主栽品种的玉米田进行调查，调查田块一般不少于10块，每块田代表面积不少于500亩。每块田单对角线10点取样，每点调查20株，调查总株数、发病株数、症状级别，并计算发病率、病情指数，调查结果填入表2—34。根据普查情况进行汇总，汇总结果记入表2—36。

表2—34　　玉米矮花叶病普查发病情况记载

年　　　单位：　　　　　　　　　　　　调查人：

条田号	面积（hm^2）	品种	种子来源	土壤质地	调查株数	病株数	发病率（%）	症状级别						病情指数（%）	肥水管理	防治情况	备注
								0	1	3	5	7	9				

2）病情分级标准（见表2—35）。

表2—35　　玉米成株期矮花叶病不同症状分级

症状级别	症状描述
0	全株无症状
1	上部1~2叶片出现轻微花叶症状
3	上部3~4叶片出现轻微花叶症状
5	穗位以上叶片出现典型花叶症状，植株略矮，果穗略小
7	全株叶片出现典型花叶症状，植株矮化，果穗小
9	全株花叶症状显著，病株严重矮化，果穗不结实

3）调查资料的计算。公式如下：

$$发病率（\%）=\frac{调查病株数}{调查总株数}\times 100\%$$

$$病情指数=\frac{\sum（各严重度级别\times 各级株数）}{调查株数\times 最高病级}$$

4）普查资料汇总（表2—36）。

表 2—36　　　　玉米矮花叶病普查汇总

年　　　　单位：　　　　　　　　　　　　　　　　调查人：

单位名称	玉米播种面积（亩）	发病面积（亩）	无病条田（个）	有病条田（个）	玉米矮花叶病面积（亩）				
					发病率 0.1%～5.0%	发病率 5.1%～15.0%	发病率 15.1%～30.0%	发病率 30.1%～50.0%	发病率 50.1%～100%

6. 玉米螟

（1）症状识别。玉米螟的寄主很多，亚洲玉米螟的寄主已有 70 多种。新疆的两种玉米螟主要为害玉米，其次为高粱、辣椒、棉花等作物。玉米螟仅为害玉米地上部分，具体部位常随幼虫大小和玉米生育期而定。

心叶：玉米孕穗前，幼虫孵化不久，咬食心叶，被害叶出现半透明薄膜的孔或小洞，孔洞多呈圆形，排列成行，并杂有细虫粪，通称“花叶”。

雄穗：抽雄初期幼虫侵入雄穗，潜入小花内取食；幼虫长大后，从小花和心叶蛀入雄穗柄为害，使其容易折断，影响授粉。

雌穗（果穗）：雌穗抽出后，幼虫常集中雌穗顶端，取食花丝和未成熟的嫩粒，造成果穗缺粒或秃顶，并使子粒残缺不全，容易霉烂。大龄幼虫自穗顶蛀入穗轴或从穗基蛀入穗柄，影响营养供应，造成子粒干瘪，产量降低，品质变劣。

茎秆：4～5 龄幼虫，蛀入玉米茎秆内，取食茎内组织。幼虫最低可达玉米地上 1～2 节，以果穗附近的茎节内最多。由于幼虫在茎内为害，使植物汁液外流，有时可形成白穗，受害茎秆遇风易折断。

（2）形态识别

1）成虫。中型的蛾子，身体黄褐色。触角丝状，前翅翅面基色为淡黄色，上有几条褐色的横线，从翅基起，明显的有内横线、外横线、外缘线。内、外横线之间的环状纹和肾状纹均为褐色的斑点。后翅灰白色或淡灰褐色。

欧洲玉米螟和亚洲玉米螟区别比较困难，主要根据雄蛾生殖器判断。翅面颜色和斑纹也有一定差异：雄蛾前翅斑纹前者为暗褐色，翅基部色更浓，后者斑纹淡褐色；后者雌蛾前翅环状纹、肾状纹比内横线色更浓，前者基本一致。

2）卵。椭圆形或卵形，扁平。初产时乳白色，渐变为黄白色，半透明略有光泽。常 20～40 粒产在一起，成不规则的鱼鳞状卵块。

3）幼虫。末龄幼虫体长16～20 mm，灰黄色或淡红褐色，背线明显，为褐色。前胸、中胸和腹部1～8节各有4个毛瘤，腹部每节在4个毛瘤的后侧方又有较小毛瘤1对。胸足黄色。

4）蛹。纺锤形，黄褐色至赤褐色，腹末端部有5～8根粗钩刺，其基部互相接近。蛹表面有薄茧（见图2—58）。

（3）大田普查

1）普查时间。于一、二代幼虫为害高峰期各普查一次。

2）普查取样方法。普查的田块尽可能多一些，普查面积一般不低于栽培总面积的5%。每块田平行取10个点，每点查20株，普查方法和幼虫普查相同，普查结果填入表2—37。

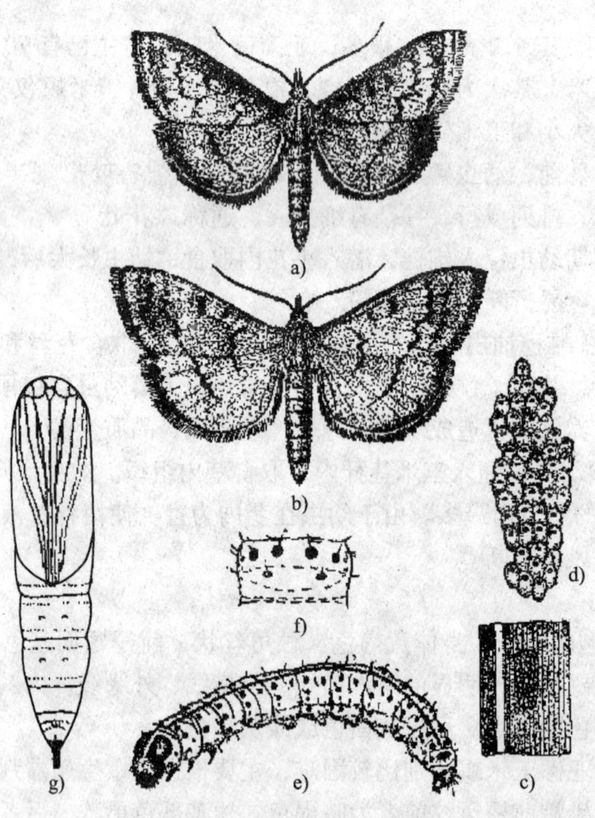

图2—58　玉米螟

a）雄成虫　b）雌成虫　c）卵块　d）卵块放大

e）幼虫　f）幼虫第二腹节　g）蛹

表 2—37　　玉米螟为害大田普查

年　　单位：　　调查人：

日期	品种	地点	面积（亩）	调查株数（株）	虫量		百株活虫量（头）	寄主被害情况			被蛀率（%）	备注
					活虫（头）	死虫（头）		蛀茎数（株）	折茎数（株）	折雄花数（株）		
加权平均												

7．玉米叶螨

（1）症状识别。新疆为害玉米的叶螨已知的种类有土耳其斯坦叶螨、冰草叶螨、敦煌叶螨、截形叶螨等。玉米叶螨在新疆各地发生普遍，特别以南疆的和田、喀什两地区，以及焉耆盆地和哈密为害最重。叶螨的寄主很多，除玉米外，主要还为害棉花、黄豆、茄子、菜豆、西瓜、甜瓜、啤酒花、大麻以及果树、树木和杂草。玉米上叶螨首先聚集在下部叶片背面主脉两侧取食，并吐丝结网。为害初期叶片出现白色斑点，后为黄白色，随着叶螨产卵、繁殖，叶片上螨量增多，致使全叶布满成螨、幼螨、若螨和螨卵，全叶变黄、枯萎；严重时玉米叶片从下向上逐渐变黄、枯萎、布满丝网、黏着尘土。严重降低光合强度，增加水分蒸腾，使玉米生长停滞，子粒干秕，品质变劣，产量下降。

（2）形态识别

1）成螨。成熟的叶螨身体很小，雄螨还要小一些。叶螨身体不分节，仅划分颚体和躯体两部分。足 4 对。上述 4 种叶螨，生长季节除截形叶螨为深红色、红褐色之外，其余 3 种均为黄绿色、绿色、墨绿色。冬季休眠期 4 种均为深红色。

2）卵。圆球形，初产时无色透明，渐变为淡黄色。

3）幼螨。初孵时无色透明，取食后逐渐变为黄白色，眼为红色，足 3 对。

4）若螨。又分前若螨和后若螨。前若螨略呈圆形，足 4 对。

（3）大田普查

1）普查时间。分别于喇叭口期、抽雄扬花期各进行一次普查。

2）普查方法。每种类型田应普查 3 块以上，普查面积一般不低于栽培总面积的 5%。应特别注意对历年玉米叶螨为害重的田块进行调查，每块棋盘平行取 10 点，每点查 5 株，调查上、中、下各一片叶，记载螨量、螨害级别（见表 2—38）。

表 2—38　　玉米叶螨普查

年　　单位：　　调查人：

时间	调查地点条田	面积（亩）	螨害率（%）	各级螨害叶数				平均螨害级数（级）	备注
				0片	1片	2片	3片		
	加权平均值								

四、葡萄主要病虫害的识别和田间调查

1. 葡萄霜霉病

（1）识别

1）症状。主要为害叶片，也能侵染嫩梢、花和幼果等柔嫩部分。叶片初期出现细小的、不规则形、淡黄色、水渍状斑点，以后逐渐扩大，因受叶脉限制，叶正面形成黄色或黄褐色多角形病斑，不规则形病斑常相互愈合成大斑块。潮湿条件下，病斑背面产生白色霜状霉层（孢囊梗、孢子囊）。发病严重时，叶片焦枯，卷缩而早期脱落，嫩梢、叶柄、果柄、卷须、穗轴发病时开始产生水渍状淡黄色病斑，渐变黄褐色至褐色，长圆形或不规则形，稍凹陷。病斑潮湿时产生白色霜状霉层，顶梢枯死，天气干旱时，病组织干缩，下陷，生长停滞，甚至扭曲，严重时可导致大量蔓藤枯死。花及幼果受害，多从基部的果柄处开始发病，病斑初为淡绿色，后变褐，干枯，病果呈泥灰色，下凹，上生霜状霉层，不久皱缩脱落。果粒半大时受害，呈褐色软腐状，不久干缩早落。严重时整个果穗腐烂，变灰墨色，具腐臭味，可引起落果或干缩后挂在枝头。一般果实着色后不再侵染。

2）病原。葡萄霜霉菌，属鞭毛菌亚门霜霉目单轴霉属（见图 2—59）。

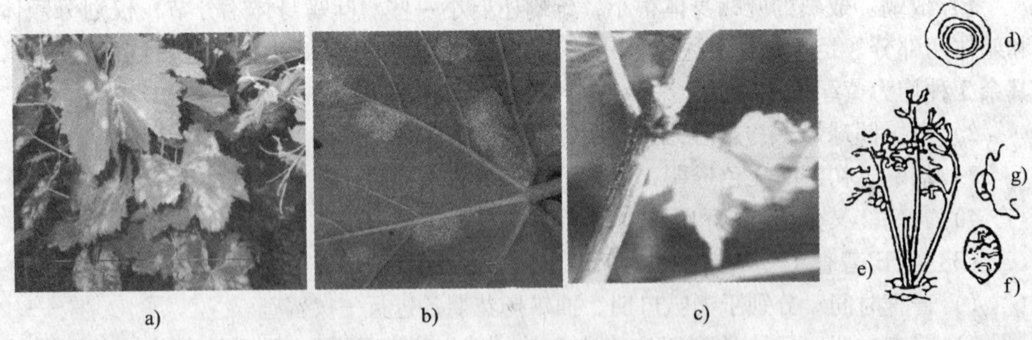

图 2—59　葡萄霜霉病

a）病叶正面　b）病叶反面　c）病梢　d）卵孢子
e）孢子囊梗　f）孢子囊　g）游动孢子

（2）大田普查

1）普查时间。在葡萄开花期、坐果期、采收期各进行一次普查。

2）普查地点。选择有代表性测报点 3～5 个。

3）普查田块。选择主栽品种长势好、中、差三种类型地块各一块。

4）普查取样方法。调查以 1、2 类田为主，普查面积不少于种植面积的 5%，每个葡萄园随机取 5 点，每个地块调查 5 个小区，每个小区定点调查 10 个新梢，每个新梢自上而下调查 10 片叶，分别统计病叶率、病情指数；在果粒发病重的年份，还应调查树的上、中、下三个部位，每个部位调查 10 个果穗的粒数，统计果粒发病率。将普查结果填入表 2—39。

5）发生防治基本情况汇总调查。结合大田普查将葡萄霜霉病的发生及防治情况进行汇总（见表 2—40）。

表 2—39　　葡萄霜霉病田间调查

年　　　单位：　　　　　　　　　　　　调查人：

日期	地块	品种	总果数（粒）	病果数（粒）	病果率（%）	总叶数（片）	病叶数（片）	病叶率（%）	严重度						病情指数（%）	防治情况	备注
									0	1	3	5	7	9			

表 2—40　　发生防治基本情况汇总

年　　　单位：　　　　　　　　　　　　调查人：

种植面积（亩）	发生面积（亩）	防治面积（亩）	发生程度	平均发病率（%）	备注

2. 葡萄白粉病

（1）识别

1）症状。主要为害叶片、叶柄、果实、果柄、新梢及卷须等绿色幼嫩组织，以幼嫩叶片发病最早，以果实受损害最重。幼叶感病后最初产生白色、放射状的小霉斑，随后病菌不断扩展蔓延，使霉层连片，叶片褪绿，严重时白粉布满整个叶片正反两面，可导致叶片卷缩，提前干枯脱落。幼蔓、叶柄被感染，其表面也产生白色粉霉层，粉霉层覆盖下的表皮呈现黑褐色网状线纹。果穗染病易枯萎脱落，病果穗较健穗明显短小。果实被感染后，也形成粉状霉层，霉层洗掉后可见黑色星芒状花纹。如感染较早，幼果停止生长，后干枯，但多不提前脱落；较迟者果面布满裂纹，病果易开裂，可看到种子，果实易遭受其他微生物的感染而导致腐烂，在炎热的天气下常发出腥臭味；在干燥条件下则干枯，严重影响品质、产量。秋末在病组织灰白色粉霉层上产生一些黑褐色的小点（闭囊壳）。

2）病原。葡萄白粉病菌，系子囊菌亚门白粉菌目钩丝壳属。菌丝体蔓延在表皮外，以吸器伸入寄主细胞内吸收养分。无性的分生孢子为托氏葡萄粉孢霉，可寄生于葡萄、山葡萄和猕猴桃上（见图2—60）。

（2）大田普查

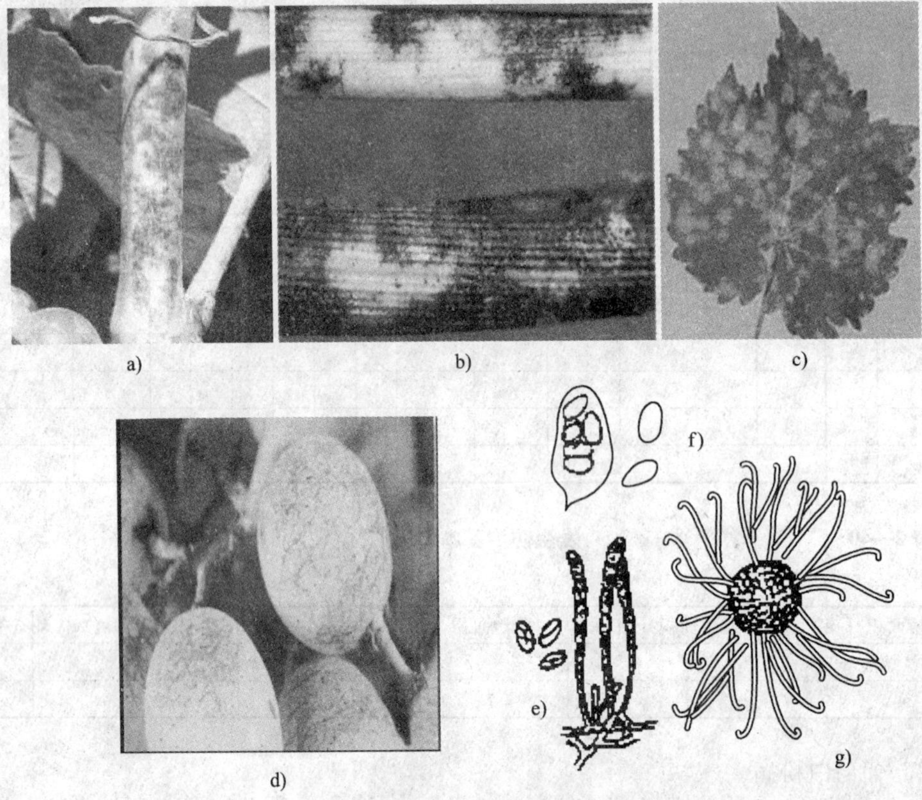

图2—60　葡萄白粉病

a）、b）病梢　c）病叶　d）病果　e）分生孢子梗及分生孢子　f）子囊及子囊孢子　g）闭囊壳

1）普查时间。在葡萄开花期、坐果期、采收期各进行一次调查。

2）普查方法。普查以1、2类田为主，普查面积不少于种植面积的5%，每个葡萄园随机取5点，每点随机调查10个新梢，每个新梢调查10个叶片，每片叶按病斑占叶面面积的百分率分级记录；在果粒发病重的年份，应调查树的上、中、下三个部位，每个部位调查20个果穗的粒数，统计果粒发病率。将普查结果填入表2—41。

表 2—41　　葡萄白粉病田间调查

年　　　　单位：　　　　　　　　　　　　　　　　调查人：

日期	地块	品种	生育期	总果数（粒）	病果数（粒）	病果率（%）	总叶数（片）	病叶数（片）	病叶率（%）	病叶病情分级						病情指数（%）	防治情况	备注
										0	1	3	5	7	9			

3）发生防治基本情况汇总调查。结合大田普查将葡萄白粉病的发生及防治情况进行汇总（见表 2—42）。

表 2—42　　发生防治基本情况汇总

年　　　　单位：　　　　　　　　　　　　　　　　调查人：

种植面积（亩）	发生面积（亩）	防治面积（亩）	发生程度	平均发病率（%）	备注

3. 葡萄黑痘病

（1）症状。葡萄生长全过程都有发生。幼叶、嫩梢、幼果、卷须等均受害。

叶片：新抽的幼叶最易感病，开始时出现红褐色小斑点，周围有一褪绿晕圈，后逐渐扩大成近圆形或不规则形病斑，中间部位稍凹陷，灰白色，边缘暗紫色。后期常自病斑中间呈星状开裂穿孔。病斑多发生在叶脉或近叶脉处，严重时常引致叶片扭曲畸形，甚至叶片尚未展开便皱缩枯干。

嫩梢：受侵染后不久便出现椭圆形或不规则形黑褐色短条斑，边缘为紫褐色，中间凹陷并开裂。严重时新梢满布密密麻麻斑点，嫩梢停止生长、卷曲、萎缩，甚至枯死。

果实：以幼果期最易感病，受侵染后果面先出现圆形、深褐色小斑点，扩大后病斑圆形中间略凹陷，灰白色，外有紫褐色晕圈。病斑不向果肉层发展，后期表皮木栓化龟裂，果实不能正常长大，导致品质变劣，无任何商品价值（见图 2—61）。

卷须：也易受黑痘病菌侵染，症状与嫩梢受害状相似。

上述受侵染病部在潮湿情况下表面长出灰白色至乳白色的黏稠状物，这是病菌的分生孢子团。

（2）病原。有性阶段属子囊菌亚门痂囊腔菌，无性阶段为葡萄痂圆孢菌。

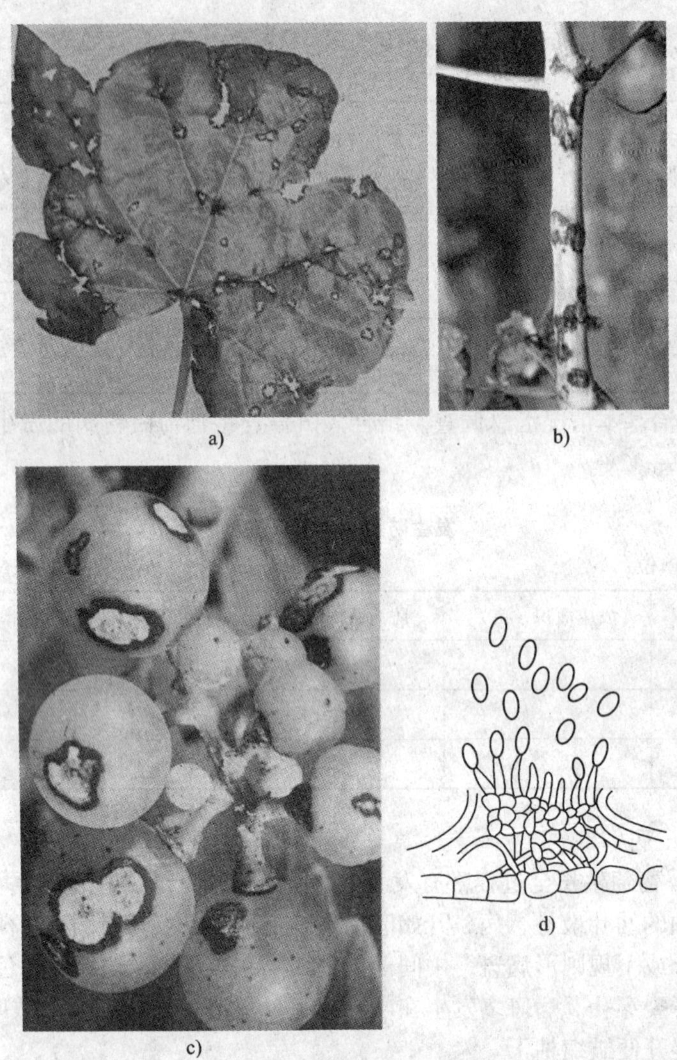

图 2—61 葡萄黑痘病

a）病叶 b）病梢 c）病果 d）分生孢子器和分生孢子

4．葡萄白腐病

（1）症状。白腐病主要为害果穗，也为害新梢和叶片。一般先从接近地面的果穗尖端开始发病，在小果梗或穗轴上产生浅褐色、水渍状、不规则病斑，逐渐蔓延到整个果粒，病组织有土腥味。果粒发病，先在基部变淡褐色软腐，迅速致整个果粒变褐腐烂。病穗轴及果粒表面密布灰白色小粒点（分生孢子器），粒点上溢出灰白色黏液（分生孢子），发病部位出现灰白色腐烂，因而得名白腐病。果柄及穗轴干枯皱缩，发病部位以上萎蔫、干枯；严重发病时，全穗腐烂，受震动时病果以及病穗极易脱落，重病园地面落满一层，这也是白腐病发生的重要特点。不脱落的果粒，常失水干缩成有棱角的僵果，悬挂树上，长久不落。白腐病的症状与蔓枯病很相似，但蔓枯病果粒不易脱落，病果上的小粒点为黑色，溢出的黏液灰黑色。新梢发病，往往出现在受损伤部位，如摘心部位或机械伤口处。从植株基部发出的徒长枝，因组织幼嫩，很易造成伤口，发病率高。病斑开始呈水渍状、淡褐色、形状不规则、具有深褐色边缘。病斑纵横扩展，以纵向扩展较快，逐渐发展成暗褐色、凹陷、不规则形的大斑，表面密生灰白色小粒点。病斑环绕枝蔓一周时，其上部枝、叶由黄变褐，逐渐枯死。发病后期，寄主表皮脱落，肉质部分腐烂解离，病皮呈丝状纵列，与木质部分离，如乱麻状。发病严重时，可使枝梢枯死或折断。

叶片发病，多从叶尖、叶缘开始，开始呈水渍状、淡褐色、近圆形或不规则形斑点，逐渐扩大成具有环纹的大斑；后期病斑上着生灰白色小粒点，但以叶背和叶脉两边最多；病斑发展末期常常干枯破裂。

（2）病原。白腐盾壳霉（见图2—62）。

图2—62　葡萄白腐病

a）~c）病蔓　d）病叶　e）病穗　f）分生孢子器和分生孢子

5．葡萄根癌病

（1）症状。此病多发生在根茎部分或二年生以上的枝之上。发病初期病部形成似愈伤组织状的瘤状物，稍带绿色，光滑质软，随着瘤子日益增大，其表面变得粗糙，质地渐硬，并由绿色变为褐色，内部组织变为白色，后期遇雨腐烂发臭，最后解体。癌瘤多为球形或扁球形，大小不一。受病植株生长衰弱，变黄，轻者影响树势，重者干枯死亡。

（2）病原。癌肿野杆菌或根癌土壤杆菌，属土壤杆菌属细菌。菌体呈短杆状，（1.0～1.5）μm×（0.4～0.8）μm 大小。端生 1～3 根鞭毛，有荚膜，无芽孢，革兰氏染色阴性（见图 2—63）。

a)

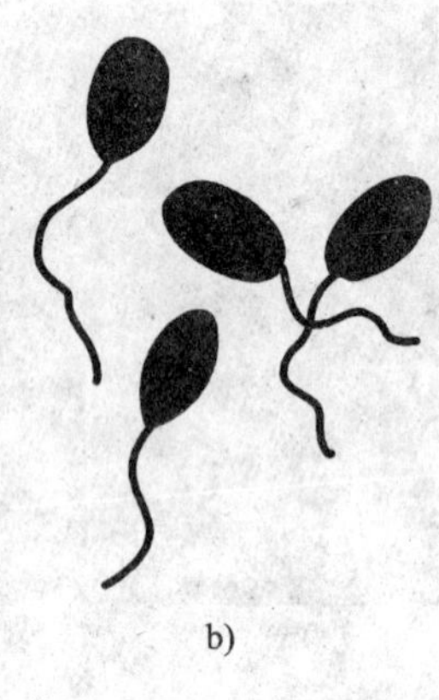

b)

图 2—63　葡萄根癌病

a）症状　b）病原细菌

6．葡萄日灼病

（1）症状。主要发生在果穗上。果实受害，果面出现浅褐色的斑块，后扩大，稍凹陷，成为褐色、圆形、边缘不明显的干疤。受害处易遭受葡萄炭疽病的危害。果实着色期至成熟期停止发生（见彩图 13）。

（2）病原。生理病害。其生理机制尚不完全清楚。主要原因为果实在缺少叶片隐蔽的高温条件下，果面局部失水而发生灼伤，或是渗透压高的叶片向低的果实争夺水分所造成。

7．葡萄缺铁病

（1）症状。最初出现在迅速展开的幼叶上，叶脉间黄化，叶呈青黄色，具绿色脉网，也包括很少的叶脉。当缺铁严重时，更多的叶面变黄，最后呈象牙色，甚至白色。叶片严重褪绿部位常变褐色和坏死。影响严重的新梢，生长减慢，花穗和穗轴变浅黄色，坐果不良。当葡萄植株从暂时缺铁状态恢复为正常时，新梢生长亦转为绿色。较早发生的老叶，色泽恢复比较缓慢（见彩图14）。

（2）病原。生理病害。缺铁症主要是由于土壤情况限制了铁的吸收，而不是土壤铁含量不足。黏土、排水不良的土壤、冷凉的土壤较多出现缺铁。春天冷凉、潮湿天气，常遇到大量缺铁问题，晚春热流期间引起新梢快速生长也诱发缺铁。

8．葡萄缺硼病

（1）症状。葡萄缺硼时，叶、花、果实都会出现一定的症状。首先新梢顶端的幼叶出现淡黄色小斑点，随后连成一片，使叶脉间的组织变为黄色，最后变褐色枯死。轻度缺硼的植株开花时花序大小和形状与正常植株异常。缺硼严重的，花序小，花蕾数少，开花时，花冠只有1～2片从基部开裂，向上弯曲，其他部分仍附在花萼上包住雄蕊。缺硼更严重时，花冠不裂开，而变成赤褐色，留在花蕾上，最后脱落，其花粉的发芽率显著低于健康植株，因而影响受精，引起落花。植株缺硼时，落花后约经一周，子房脱落多，坐果差，使果穗稀疏；有的子房不脱落，成为不受精的无核小果粒，若在果粒增大期缺硼，果肉内部分裂组织枯死变褐；硬核期缺硼，果实周围维管束和果皮外壁枯死变褐，成为石葡萄。

植物对硼的需要量很少，硼属微量元素。硼存在于植物幼嫩的细胞壁之中，它对细胞的分裂和生长，对组织的分化和建造细胞壁有密切的关系。同时，它对酶的活动、碳水化合物的运输都是不可少的。因此，葡萄缺硼就会表现上述种种症状（见图2—64）。

a)　　　b)

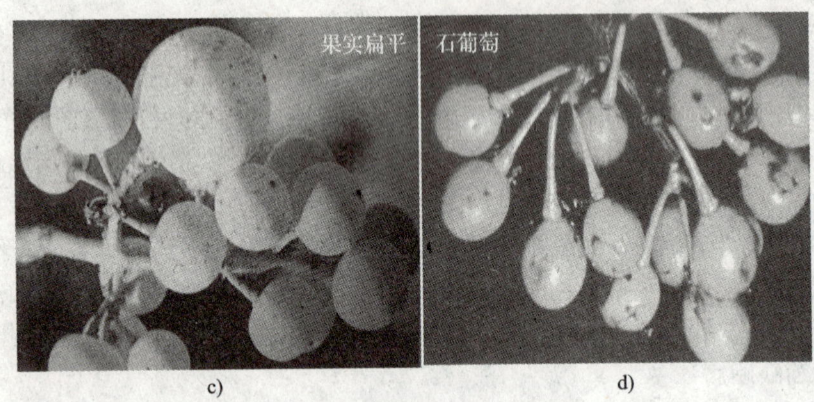

c) d)

图2—64 葡萄缺硼病

a）病叶 b）病梢 c）、d）病果

（2）病原。生理病害。一般土壤 pH 值高达7.5～8.5或易干燥的沙性土容易发生缺硼症。此外，根系分布浅或受线虫侵染削弱根系，阻碍根系吸收功能，也容易发生缺硼症。

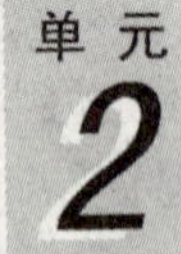

9．葡萄二星（斑）叶蝉

（1）症状识别。葡萄斑叶蝉，属同翅目叶蝉科，除了为害葡萄，对苹果、桃、梨、山楂、李、樱桃等多种果树都为害。不仅其分泌物污染果面，使其失去商品价值，而且以成虫和若虫在葡萄叶背面刺吸为害，被害的叶片表面最初表现苍白色小斑，严重受害后白斑连片，致使叶表面全部苍白提早落叶，使树势迅速衰败，果实干瘪，品质下降，造成严重的经济损失（见图2—65）。

（2）形态识别

1）成虫。体长2～2.6 mm，加上翅长为2.9～3.3 mm。身体淡黄色，头顶上有两个明显的圆形斑点，复眼黑色。其前缘有几个淡褐色小斑点，大小不等的斑纹排成行列，但有时消失，中央有暗色纵纹 ，小盾片前缘左右各有一大三角形黑纹。足三对，其端爪为黑色，腹部的腹节背面中域具黑褐色斑块。翅半透明，黄色，有不规则的淡褐色或红褐色斑纹，因成虫发育期不同其个体间翅面斑纹的大小及其颜色变化很大，有的虫体斑纹色深，有的则全无斑纹，其中以黄色型为多。雄虫色深，尾部有三叉状交配器，黑色稍弯曲，雌虫色淡，尾部有黑色的桑葚状产卵器，其上有突起。

2）卵。乳白色，稍透明，长约0.6 mm，长椭圆形，弯曲状，散产于叶背的叶脉中或茸毛间隙中，卵孵化以后产卵部位留下褐色斑痕。解剖得知，每只雌性斑叶蝉每胎成熟6～8粒卵。

3）若虫。初孵若虫的体长0.5 mm，体呈白色，复眼红色，到了2～3龄时体变

图2—65　葡萄斑叶蝉

a）交配中的成虫　b）叶背面的成虫和若虫　c）受害叶片　d）蜜露污染的果实

黄白色，4龄时体变菱形，体长约2 mm，复眼变成暗褐色，胸部两侧可见明显的翅芽。

10. 葡萄毛毡病

（1）症状。主要为害叶片，严重时也能侵害嫩梢、幼果、卷须、花梗、果梗。受害叶片开始在叶背面产生不规则的苍白色的小点，不久病部叶表面显著突起，呈黄褐色至紫褐色“血泡状”病斑，背面深深凹陷，凹陷内密生黄白色或灰白色绒毛，以后逐渐变成锈黄色至茶褐色，毡状，故名毛毡病。严重时叶面也有少量绒毛。叶上病斑形状不规则，大小不等，四周常被较大的叶脉所限制。后期病叶变硬、皱缩、发黄、干枯，引起早期落叶。

嫩梢被害，呈长椭圆形病斑，症状与叶背相同。枝蔓受害后，病部呈肿瘤状，表皮破裂。也可使卷须、花序、嫩果受害干枯致死。

（2）病原。葡萄缺节瘿螨寄生所致。葡萄缺节瘿螨系节肢动物门，蛛形纲，真螨目，瘿螨科，缺节瘿螨属（见图2—66）。

a)　　　　b)

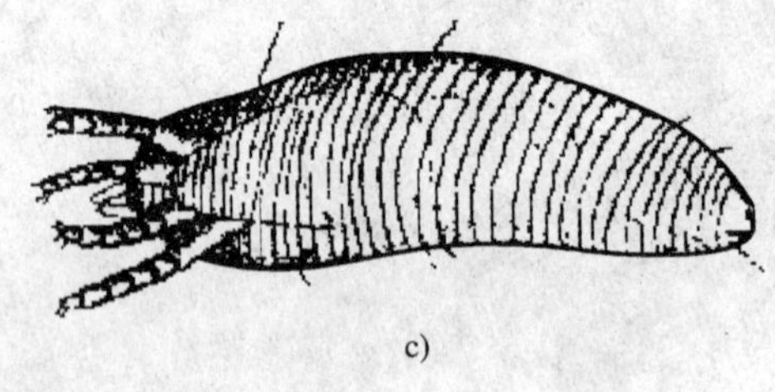

c)

图 2—66　葡萄毛毡病

a)、b) 病叶　c) 葡萄瘿螨的成虫

1) 成虫。雌成螨呈圆锥形，白色，体长 0.11 ~ 0.33 mm，体表有 70 多个环纹，近头部生有 2 对足。雄虫略小。

2) 卵。椭圆形，淡黄色，长约 30 mm。

11. 东方盔蚧

形态识别：

(1) 成虫。雌成虫红褐色，椭圆形，体长 6 mm 左右，宽 3.5 ~ 4.5 mm，背部隆起，两侧有成列的大凹点，边缘较平，外壳较硬（见图 2—67）。

(2) 卵。长椭圆形，淡黄白色，孵化前呈粉红色，长 0.5 ~ 0.6 mm，卵上覆盖蜡质白粉。

(3) 若虫。初孵若虫黄白色，长大逐渐加深呈黄褐色。体扁平、椭圆形，触角、足有活动能力。越冬若虫体红褐色，体外有一层极薄的蜡层。

图 2—67　东方盔蚧

单元测试题

一、填空题（请将正确的答案填在横线空白处）

1. 昆虫头部具有主要的感觉器官如触角、复眼和单眼，还有取食的口器，所以头部是昆虫的________的和________的中心。

2. 触角是由许多可以活动的环节组成，基部 1 节称________，第 2 节称________，这两节内部都有肌肉着生，以后许多节内部均无肌肉着生，总称为________。

3. 昆虫口器的基本构造由________、________、________、________和舌 5 部分组成。

4. 雌雄两性昆虫在形态上有明显差异的现象，又称为________或________。

5. 根据非生物因素和生物因素引起植物病害的性质，可以分为________和________。

6. 植物病害的症状可再分为两部分：寄主发病后表现不正常状态的，称为________；病原生物在寄主上的特征性表现称为________。

二、判断题（下列判断正确的请在括号内打“√”，错误的打“×”）

1．昆虫的眼有两种，一种叫复眼，另一种叫单眼，所有的昆虫都具有单眼和复眼。（　）

2．由于昆虫对光的适应，按照昆虫日夜活动的规律，可将昆虫分为日出性和夜出性两大类。（　）

3．昆虫的足是胸部的附肢，昆虫的翅也是由胸部的附肢演化而来的。（　）

4．蚜虫可以从母体直接产生出若虫来，所以蚜虫可以营胎生繁殖。（　）

5．昆虫的卵是一个大型细胞。（　）

6．蛹期是全变态类昆虫特有的发育阶段，也是幼虫转变为成虫的过渡时期。（　）

7．棉蚜可为害74科、285种的植物，因此蚜虫是杂食性昆虫。（　）

8．对具有假死性的害虫，可以用骤然振落的方法加以捕杀，因此昆虫的假死习性对昆虫是一种不利的习性。（　）

9．许多昆虫都会发声，因此声音是昆虫进行信息交流的主要方式。（　）

10．能引起植物病害的寄生物称为病原物，因此寄生物是植物病害的病原。（　）

11．当前农业上发生的重要病害，主要是由真菌、细菌、病毒和线虫引起的，其中由细菌引起的病害最多。（　）

三、单项选择题（下列每题有4个选项，其中只有1个是正确的，请将其代号填在横线空白处）

1．昆虫在生长发育过程中，需要不断地取食大量有机物质，不同种类的昆虫，对食料的要求是不同的，按其取食食物的种类，食性可分为下列：________三类。

A．植食性　肉食性　杂食性

B．单食性　寡食性　多食性

C．植食性　捕食　寄生

D．杂食性　单食性　捕食性

2．昆虫的繁殖方式常见的有下列几种________。

A．两性繁殖　多胚生殖　幼体生殖

B．两性繁殖　多胚生殖　胎生　偶发性孤雌生殖

C．两性繁殖　孤雌生殖　多胚生殖　幼体生殖

D．两性繁殖　孤雌生殖　多胚生殖　胎生和幼体生殖

3．昆虫的足由下列各节组成________。

A．基节　转节　腿节　胫节　跗节

B．柄节　梗节　腿节　胫节　转节

C. 基节　跗节　柄节　胫节　转节

D. 柄节　胫节　腿节　梗节　跗节

4. 昆虫的翅有以下几种类型________。

A. 膜翅　平衡棒　鞘翅　半鞘翅　鳞翅　缨翅　复翅

B. 膜翅　鞘翅　半鞘翅　鳞翅　缨翅　复翅

C. 膜翅　直翅　鞘翅　半鞘翅　鳞翅　缨翅　复翅

D. 膜翅　平衡棒　鞘翅　革翅　鳞翅　缨翅　复翅

5. 病状的主要类型有________。

A. 变色　坏死　腐烂　畸形　萎蔫

B. 褪色　坏死　腐烂　畸形　萎蔫

C. 变色　斑点　病斑　畸形　萎蔫

D. 变色　坏死　腐烂　卷叶　萎蔫

6. 真菌的无性孢子有________。

A. 游动孢子　孢囊孢子　分生孢子　厚垣孢子

B. 游动孢子　孢囊孢子　分生孢子　接合孢子

C. 游动孢子　孢囊孢子　分生孢子　子囊孢子

D. 游动孢子　孢囊孢子　分生孢子　担子孢子

四、简答题

1. 简述昆虫的繁殖方式。
2. 简述植物病害病状和病征的主要类型。
3. 简述侵染性病原和非侵染性病原的类型。
4. 简述真菌有性孢子的类型。
5. 简述昆虫食性的类型。
6. 简述各类病害诊断的方法。

单元测试题答案

一、填空题

1. 感觉　取食
2. 柄节　梗节　鞭节
3. 上唇　上颚　下颚　下唇
4. 性二型　雌雄异型
5. 非侵染性病害　侵染性病害
6. 病状　病征

二、判断题

1. × 2. × 3. × 4. × 5. √ 6. √ 7. × 8. √ 9. × 10. ×
11. ×

三、单项选择题

1. A 2. D 3. A 4. A 5. A 6. A

四、简答题

答案略。

第3单元

综合防治

- 第一节　综合防治原理 /108
- 第二节　主要防治措施的实施 /115

第一节　综合防治原理

- 了解综合防治的概念和综合防治方案的制定原则
- 掌握综合防治的主要措施

一、综合防治的概念

1. 综合防治定义

综合防治是对有害生物进行科学管理的体系。它从农业生态系统总体出发，根据有害生物环境之间的相互关系，充分发挥自然控制因素的作用，因地制宜协调应用必要的措施，将有害生物控制在经济受害允许水平之下，以获得最佳的经济、生态和社会效益。国外流行的“有害生物综合治理”（简称 IPM）与国内提出的综合防治的基本含义是一致的，都包含了以下主要观点。

（1）经济观点。综合防治只要求将有害生物的种群数量控制在经济受害允许水平之下，而不是彻底消灭。一方面，保留一些不足以造成经济损害的低水平种群，有利于维持生态多样性和遗传多样性，如允许一定量害虫存在，就有利于天敌生存；另一方面，在有害生物防治中必然要考虑防治成本与防治收益问题，当有害生物种群密度达到经济阈值（或防治指标）时，才采取防治措施，达不到则不必防治，这样做符合经济学原则。

（2）综合协调观点。防治方法多种多样，但没有一种方法是万能的，因此必须综合应用。综合协调不是各种防治措施机械地相加，也不是越多越好，必须根据具体的农田生态系统，有针对性地选择必要的防治措施，有机地结合，辩证地配合，取长补短，相辅相成。要把病虫的综合治理纳入到农业可持续发展的总方针之下，从事病虫害防治的部门要与其他部门，如农业生产、环境保护部门等综合协调，在保护环境、可持续发展的共识之下，合理配套运用农业、化学、生物、物理的方法，以及其他有效的生态手段，对主要病虫害进行综合治理。

（3）安全观点。综合防治要求一切防治措施必须对人、畜、作物和有益生物安全，符合环境保护的原则。尤其在应用化学防治时，必须科学合理地使用农药，既保证当前安全、毒害小，又能长期安全、残毒少。在可能的情况下，要尽量减少化学农药的使用。

（4）生态观点。综合防治强调从农业生态系统的总体观点出发，创造和发展农业生态系统中各种有利因素，造成一个适宜作物生长发育和有益生物生存繁殖，不利于有害生物发展的生态系统。特别要充分发挥生态系统中自然因素的生态调控作用，如作物本身的抗逆作用、天敌的控害作用、环境调控作用等。制定措施首先要在了解病虫及优势天敌依存制约的动态规律基础上，明确主要防治对象的发生规律和防治关键，尽可能综合协调采用各种防治措施并兼治次要病虫，持续降低病虫发生数量，力求达到全面控制数种病虫严重为害的目的，取得最佳效益。

2. 综合防治方案的类型

（1）以个别有害生物为对象。即以一种主要病害或害虫为对象，制定该病害或害虫的综合防治措施，如小麦锈病的综合防治方案。

（2）以作物为对象。即以一种作物所发生的主要病虫害为对象，制定该作物主要病虫害的综合防治措施，如对棉花病虫害的综合防治方案。

（3）以整个农田为对象。即以某个地区的农田为对象，制定该地区各种主要作物的重点病、虫、草、鼠等有害生物的综合防治措施，并将其纳入整个农业生产管理体系中去，进行科学系统的管理。如对某个团场的各种作物病、虫、草、鼠害的综合防治方案。

3. 综合防治的特点

（1）允许有害生物在经济受害允许水平下继续存在。以往有害生物防治的目的在于消灭有害生物，即有害生物一旦存在就必须进行防治，也就是“有之必灭”的观点。IPM 的哲学基础是容忍。它允许少量害虫存在于农田生态系统中。事实上，某些有害生物在经济受害允许水平以下继续存在是合乎需要的，它有利于维持生态多样性和遗传多样性，它们为天敌提供食料和中间寄主，使有害生物天敌得以共存，加强和维持自然控制。反之，如果把它们消灭干净，必将会带来有害影响。

只有在某些特殊情况下，如只要有 1 头害虫存在时就将给生产带来威胁，即经济受害允许水平为零的害虫，才能使用“根除”的策略，对绝大多数农业有害生物来说，建立在“根除”基础上的有害生物防治哲学与综合防治是相违背的。

（2）以生态系统为管理单位。有害生物在田间并不是孤立存在的，它与生物因素和非生物因素共同构成一个复杂的、具有一定结构和功能的生态系统。改变系统中任何基本成分都可能引起生态系统的扰动。当对某一些有害生物进行防治时，任何措施都有可能影响另一些有害生物。在某种作物或作物群体的农田生态系统中，更换品种、轮作、改变栽培措施或更换化学药剂的类型都可以引起有害生物地位发生激烈的变化。一项控制措施只能对某种有害生物产生影响，同时也可能导致新的有害生物体系出现，哪怕是很细微的措施也可能影响整个生态系统。

综合防治就是要控制生态系统，使有害生物维持在受害允许水平以下，而又要避免生态系统受到破坏。因此，只有了解生态系统中各个因素对有害生物的影响，弄清它们在生态系统中的地位，了解生态系统中各组成成分的功能、反应及相互之间的关系，在进行有害生物防治时，同时考虑杂草、考虑不同防治对象的协调防治，使不同目的的防治工作得到统一。这样才能充分利用、控制和调节与有害生物有关的自然因素，制定出最佳的防治对策。

既然综合防治以生态系统为单位，那么，其管理范围一般应根据有害生物的扩散能力来决定，对具有强扩散能力的有害生物，其综合防治范围应包括较大的区域，切忌以一个农户或一小块地为单位。如果不进行合作，一个农户一天的努力可以由邻近田块有害生物的迁入而一笔勾销。国家范围内的合作和地区性甚至国际间立法的执行对于保证一些扩散能力强的有害生物的综合防治的成功是不可缺少的。

（3）充分利用自然控制因素。在有害生物群中，存在着不同类型和同一类型不同种类的各种有害生物。例如，在占昆虫总数48.2%的植食性昆虫种类中，约有90%虽然取食植物，但并不能造成严重为害。这主要是由于大多数害虫由于自身的生物学特性和自然界存在的自然控制因子的抑制作用。有害生物综合防治应高度重视生态系统中与种群数量变化有关的自然因素的作用。在诸多自然控制因素中，天敌是一个非常普遍而重要的因素。

（4）强调防治措施间的相互协调和综合。现代综合防治的基本策略是在一个复杂系统中协调使用多种措施，把有害生物种群数量及为害控制在经济受害允许水平之下，而这些措施的具体应用则有赖于特定农业生态系统及其有关有害生物的性质。

为了尽可能地利用自然控制因子，首先必须强调各项防治措施与自然控制因素间的协调。一般来说，生物防治、农业技术防治等一般不与自然控制因素发生矛盾，有时还有利于自然控制，因此，是应该优先采用的方法。而化学防治往往与自然控制因素发生矛盾，它不但杀死有害生物，同时也杀死天敌。因此，应尽量少用化学防治，除非无别的替代办法。

但就目前而言，非化学防治不但不能完全取代化学防治，而且多数有害生物都还必须依赖化学防治。估计90%左右的害虫主要控制手段仍是化学防治。

（5）强调有害生物综合防治体系的动态性。农业生态系统是一个动态系统，有害生物种群及其影响因素也是动态的。因此，综合防治方案应随有害生物问题的发展而改变，而不能像传统的杀虫剂防治体系那样采用“防治历”方法进行防治。

（6）提倡多学科协作。因为生态系统的复杂性，在系统的研究、信息的收集、综合防治方案的制定和实施过程中，需要多学科进行合作。如对害虫种群特性的了解，需要昆虫学方面的知识；对作物抗虫性的了解，需要作物遗传学方面的知识；对环境特性的了解，需要气象学方面的知识；要了解生态系统中各复杂因子的相关系统，需要应用系统工程学方面的知识；进行综合防治效果的评价，需要有生态学、经济学和环境保护学方面的知识。

随着综合防治水平的提高，系统分析、数学模型和计算机程序对制定最佳防治方案很有帮助。在系统分析的基础上，努力发展一个计算机模型，对特定时间内（对一种作物来说从播种到收获）某一作物、森林或其他生态系统中的各种时间进行模拟，用以决定怎样控制某种有害生物（如用品种、肥料、杀虫剂联合控制等），以便获得最佳管理对策。这样一个复杂系统的完成，没有多学科进行协作是难以进行的。

（7）经济效益、社会效益、生态效益全盘考虑。防治有害生物的最终目的是为了获得更大的效益，没有一种有害生物防治策略不考虑经济效益。如果防治费用大于有害生物为害的损失，那么，防治就无必要。IPM 同样考虑经济效益，并且还十分强调：在有害生物为害损失小于经济阈值时不进行防治。

同时，IPM 还强调有害生物防治的生态效益与社会效益，这也正是单独依赖化学药剂的防治策略所未考虑到而造成不良副作用的原因。

二、综合防治的主要措施

1．植物检疫

植物检疫是根据国家颁布的法令，设立专门机构，对国外输入和国内输出，以及国内地区之间调运的种子、苗木及农产品等进行检疫，禁止或限制危险性病、虫、杂草的传入和输出；或者在传入以后限制其传播，消灭其为害。植物检疫又称法规防治，其具有相对的独立性，但又是整个植物保护体系中不可分割的一个重要组成部分。是贯彻“预防为主，综合防治”植保方针的一项重要措施。它能从根本上杜绝危险性病、虫、杂草的来源和传播，尤其在我国加入 WTO 后，国际经济贸易活动不断深入，植物检疫任务越来越重，植物检疫工作就显得更为重要。

植物检疫分对内检疫和对外检疫。对内检疫又称国内检疫，主要任务是防止和消灭通过地区间的物资交换，调运种子、苗木及其他农产品而传播的危险性病、虫及杂草。对外检疫又称国际检疫。国家在沿海港口、国际机场及国际交通要道，设立植物检疫机构，对进、出口和过境的植物及其产品进行检验和处理，防止国外新的或在国内局部地区发生的危险性病、虫、杂草的输入；同时也防止国内某些危险性病、虫、杂草的输出。

要做好国内和国外检疫工作，必须掌握内、外检对象的种类、分布、危害性、传播途径及有关的生物学和生态学的详细资料，以确定内、外检对象和检疫的方法，并在国内切实划定疫区和保护区，全面部署好植检工作。

（1）植物检疫对象的确定。植物检疫对象是根据每个国家或地区为保护本国或本地区农业生产的实际需要和当地农作物病、虫、草害发生的特点而确定的，主要依据下列几项原则：

1）国内或当地尚未发现或分布不广的，一旦传入对植物为害性大、经济损失严重的。

2）繁殖力强、适应性广、难以根除的。

3）主要是随种子、苗木、繁殖材料等人为传播的危险性病、虫、杂草。

（2）植物检疫的主要措施

1）调查研究，掌握疫情。了解国内外危险性病、虫、杂草的种类、分布和发生情况。有计划地调查当地发生或可能传入的危险性病、虫、杂草的种类，分布范围和危险程度。调查的方法可分为普查、专题调查和抽查等形式。

2）划定疫区和保护区。发现植物检疫对象的地区称疫区，未发现的地区称保护区。疫区和保护区必须在全面调查基础上确定，这样既能防止植物检疫对象的传播，又可有目的、有计划地控制和扑灭检疫对象。

3）采取检疫措施。凡从疫区调出的种子、苗木、农产品及其他传播材料应严格检疫，未发现检疫对象的发给“检疫合格证书”；无法消毒处理的，则可按不同情况分别给予禁运、退回、销毁等处理。严禁带有检疫对象的种子、苗木、农产品及其他播种材料进入保护区。

2. 农业防治

农业防治就是运用各种农业技术措施，有目的地改变某些环境因子，创造有利于作物生长发育和天敌发展而不利于病虫害发生的条件，直接或间接地消灭或抑制病虫的发生和危害。农业防治是有害生物综合治理的基础措施，它对有害生物的控制以预防为主，甚至可能达到根治。多数情况下是结合栽培管理措施进行的，不需要增加额外的成本，并且易于被群众接受，易推广。对其他生物和环境的破坏作用最小，有利于保持生态平衡，符合农业可持续发展要求。其不足是防治作用慢，对暴发性病虫的为害不能迅速控制，而且地域性、季节性较强，受自然条件的限制较大。有些防治措施与丰产要求或耕作制度有矛盾。农业防治的具体措施主要有以下几方面：

（1）选用抗病虫品种。培育和推广抗病虫品种，发挥作物自身对病虫害的调控作用，是最经济有效的防治措施。目前我国在向日葵、烟草、小麦、玉米、棉花等作物上已培育出一批具有综合抗性的品种，并已在生产上发挥了作用。随着现代生物技术的发展，利用基因工程等新技术培育抗性品种，将会在今后的有害生物综合治理中发挥更大作用。在抗病虫品种的利用上，要防止抗性品种的单一化种植，注意抗性品种轮作，合理布局具有不同抗性基因的品种，同时配以其他综合防治措施，提高利用抗病虫品种的效果。

（2）使用无害种苗。生产上常通过建立无病虫种苗繁育基地、种苗无害化处理、工厂化组织培养脱毒苗等途径获得无害种苗，以杜绝种苗传播病虫害。建立无病虫留种基地应选择无病虫地块，播前选种或进行消毒，加强田间管理，采取适当防治措施等。

（3）改进耕作制度。包括合理的轮作倒茬、正确的间作套种、合理的作物布局等。

实行合理的轮作倒茬可以恶化病虫发生的环境，如水旱轮作可以减轻一些土传病害（如棉花枯萎病）和地下害虫的为害。正确的间、套作有助于天敌的生存繁衍或直接减少害虫的发生，如麦棉套种，可减少前期棉蚜迁入，麦收后又能增加棉株上的瓢虫数量，减轻棉蚜为害；又如在棉田套种少量玉米，能诱集棉铃虫在其上产卵，便于集中消灭。合理调整作物布局可以造成病虫的侵染循环或年生活史中某一段时间的寄主或食料缺乏，达到减轻为害的目的，这在水稻螟虫等害虫的控制中有重要作用。但是，如果轮作和间作套种应用不当，也可能导致某些病虫为害加重。如水稻与玉米轮作，会加重大螟的为害；棉花与大豆间作有利于棉叶螨的发生。

（4）加强田间管理。田间管理是各种农业技术措施的综合运用，对于防治病虫害具有重要的作用。

适时播种可促使作物生长茁壮，增强抵抗力，同时可避开某些病虫的严重为害期。

合理密植可使作物群体生长健壮整齐，提高对病虫的抵抗力；同时使植株间通风透气好，湿度降低，直接抑制某些病虫的发生。

适时中耕可以改善土壤通气状况，调节地温，有利作物根系发育。

科学管理肥水，不偏施氮肥，控制田间湿度，防止作物旺长，后期贪青晚熟，可以减轻多种病虫的发生。如适时排水晒田，可抑制水稻纹枯病、稻飞虱的发生；春季麦田发生红蜘蛛为害时，可以结合灌水振落灭杀。灌水还可以杀死棉铃虫蛹等。

适时间苗、定苗，拔除弱苗和病虫苗；及时整枝打杈；清除杂草；清洁田园，及时将枯枝、落叶、落果等残体清除，对控制病虫害发生都有重要作用。

此外，利用植物的多样性，如利用植物与病、虫、草之间的相克作用及植被丰富、天敌资源的增多来抑制病、虫、草的发生，可有效地抑制有害生物的为害成灾，这是农业生产的一个长远目标。在植物控害栽培技术中，还可利用深耕改土、覆盖技术等防治病虫害。

3. 物理机械防治

利用各种物理因子（如光、电、色、温、湿度等）、人工和器械防治有害生物的方法，称为物理机械防治。此法一般简便易行，成本较低，不污染环境，但有些措施费时、费工或需要一定的设备，有些方法对天敌也有影响。

（1）捕杀法。根据害虫的生活习性如群集性、假死性等，利用人工或简单的器械捕杀。

人工捕捉棉铃虫幼虫和挖掘棉铃虫蛹，振落捕杀金龟甲，用铁丝钩杀树干中的天牛幼虫，用拍板和稻梳捕杀稻苞虫等也是有效的。

（2）诱杀法。利用害虫的趋性或其他习性诱集并杀灭害虫。常用方法有：

1）灯光诱杀。利用害虫的趋光性进行诱杀。常用波长 365 nm 的 20 W 黑光灯或与日光灯并联或旁加高压电网进行诱杀，新型的多频振式杀虫灯对害虫诱集效果比黑光灯好。

2）潜所诱杀。即利用害虫的潜伏习性，通过设置适合害虫生活的场所引诱害虫潜伏，然后及时消灭害虫的方法。如用杨树枝诱集棉铃虫成虫，树干束草或包扎布条诱集梨星毛虫、梨小食心虫越冬幼虫等。

3）食饵诱杀。即利用害虫趋化性诱杀害虫的方法。如用糖浆液诱杀地老虎成虫、甘蓝叶蛾成虫，田间撒毒谷诱杀蝼蛄等。

4）植物诱杀。即利用某些害虫对植物取食、产卵的趋性，种植合适的植物诱杀害虫的方法。如在棉田种植少量玉米、苘麻、芝麻以诱集棉铃虫产卵，然后集中消灭。

5）黄板诱杀。即利用蚜虫、白粉虱等的趋黄习性，在田间设置黄色粘虫板诱杀害虫的方法。

（3）汰选法。即利用健全种子与被害种子在形态、大小、比重上的差异，分离、剔除带有病虫种子的方法。常用的有手选、筛选、风选、盐水选等方法。

（4）温度处理。冬季，在北方可利用自然低温杀死储粮害虫。夏季，利用室外日光晒种能杀死潜伏其中的害虫。用开水浸烫豌豆种25 s或蚕豆种30 s，然后在冷水中浸数分钟，可杀死其中的豌豆象或蚕豆象虫卵，而不影响种子发芽。

（5）阻隔法。即根据害虫习性，设置各种障碍物，防止病虫为害或阻止其活动、蔓延的方法。如利用防虫网防止害虫侵害温室花卉和蔬菜，果实套袋防止病虫侵害水果，撒药带阻杀群迁的粘虫幼虫等。

此外，还可用高频电流、超声波、激光、原子能辐射等高新技术防治害虫。

4．生物防治

生物防治就是利用自然界中各种有益生物或生物的代谢产物来防治有害生物的方法。其优点是对人、畜及植物安全，不杀伤天敌及其他有益生物，不污染环境，往往能收到较长期的控制效果，而且天敌资源比较丰富，使用成本较低。因此，生物防治是综合防治的重要组成部分。但是，生物防治也有局限性，如作用较缓慢，使用时受环境影响大，效果不稳定；多数天敌的选择性或专化性强，作用范围窄；人工开发技术要求高，周期长等。所以，生物防治必须与其他防治方法相结合，综合应用于有害生物的治理中。

5．化学防治

化学防治是利用化学农药防治有害生物的方法。其优点是：防治对象广，几乎所有植物病、虫、杂草、鼠均可用化学农药防治；防治效果显著，收效快，尤其能作为爆发性病虫害的急救措施，迅速消灭其为害；使用方便，受地区及季节性限制小；可以大面积使用，便于机械化操作；可工业化生产、远距离运输和长期保存。因此，化学防治在综合防治中占有重要地位。但化学防治存在的问题也很多，其中最突出的是：由于农药使用不当易导致有害生物产生抗药性；对天敌及其他有益生物的杀伤，破坏了生态平衡，引起了主要害虫的再猖獗和次要害虫大发生；污染环境，引起公害，威胁人类健康。为了充分发挥化学防治的优势，逐步克服和避免存在的问题，一方面要注意化学防治与其他防治方法的协调，特别是与生物防治的协调；另一方面应致力于对化学防治本身的改进，如研究开发高效、低毒、低残留并具有选择性的农药（包括非杀生性杀虫剂的研制、植物源农药的开发等），改进农药的剂型和提高施药技术水平等。

第二节　主要防治措施的实施

→ 掌握农业生产中主要病虫害的发生与危害及其防治办法和措施

一、农业生产中主要病虫害的发生与危害

1. 棉花病虫害的发生与危害

（1）棉铃虫的发生与危害。棉铃虫是世界性棉花害虫，因其有寄主范围广、繁殖潜能大、种群扩迁和对外环境适应能力强等特点，条件适宜时常爆发成灾，造成棉花、玉米等作物严重损失，尤以棉花受损最大。1980—1990 年棉铃虫在东南亚、南亚和东亚多个国家大发生。我国自 1990 年以来，进入 20 世纪 70 年代初大发生后的又一个发生高峰期，至 1994 年的 5 年中，除新疆棉区轻发生外，黄河流域和长江流域等主要棉区有 4 年大发生；特别是 1992 年山东、河北、河南、江苏、安徽、陕西、山西等省的 400 多万公顷棉田，棉铃虫特大发生，其中黄河流域的发生量是常年的 20 倍以上，发生期较以前提早 7 ~ 10 天，而且虫龄发育参差不齐、世代重叠，加之棉铃虫又对常用杀虫剂产生高抗药性，当年山东、河北、河南等重灾区，棉花减产达 50% 以上，全国棉花总产减少 1/3。

新疆棉铃虫在 20 世纪 70 年代以前曾严重发生，在 70—80 年代发生较轻，进入 90 年代和 2000 年后，棉铃虫在新疆发生呈上升发展趋势，种群数量由少到多。

棉铃虫在南北疆棉区都为常发性棉花害虫，属多食性害虫，已知寄主植物 30 多科 200 种，新疆已知有 18 科 75 种寄主植物。农作物中有棉花、玉米、小麦、高粱、豌豆、油菜、苜蓿、胡麻、花生、向日葵、番茄、辣椒、茄子、豆角、瓜类、烟草等，杂草有苘麻、曼陀罗、锦葵等。

棉铃虫为害棉花，主要以幼虫蛀食叶、蕾、花、铃；棉花苗期叶片被咬食成孔洞，影响光合作用，生长发育受阻；开花时花药和柱头被害，不能授粉结铃；青铃被蛀成孔洞，常诱发病菌侵害，造成烂铃。每头幼虫一生可蛀食蕾、花、铃 10 个左右，多者达 18 个。严重受害的棉田，百株有虫 100 头以上，蕾铃受害率达 40% ~50%。1998 年霍城垦区个别棉田二代幼虫百株虫量达 30 ~60 头，当年产量损失 30%；2004 年、2008 年北疆个别棉田百株量高达 60 ~100 头，产量损失达 30% ~50%，有些田块近乎绝收。

（2）棉花蚜虫的发生与危害。新疆棉区为害棉花的蚜虫有：棉蚜、棉黑蚜、棉长管蚜、拐枣蚜、桃蚜、菜豆根蚜。棉蚜是常发性害虫，棉黑蚜和棉长管蚜发生的早晚及数量，与当年棉蚜发生时期和为害程度相关。桃蚜、菜豆根蚜在部分棉区发生。

1）棉蚜。棉蚜是多食性害虫，据报道，全世界有 116 科 912 种寄主植物。新疆棉蚜的越冬寄主（第一寄主）有扶桑、菊花类、桑叶、牡丹、石榴、黄瓜、西葫芦、火棘、栀子花等 30 多种植物；产卵雌蚜可以在不取食的植物（如杨树等）上产卵越冬。春季车前、荠菜、糙草等草本植物可为其过渡寄主。棉蚜的迁移和侨蚜的食性十分广泛，几乎在我们常见的植物上都能生活，但其第二寄主主要是棉花、甜菜、南瓜、黄瓜、西葫芦、辣椒、芹菜及菊科、茄科、苋科等植物。除性母（秋末产雌、雄蚜的一代蚜虫）和产卵雌蚜适于取食老叶外，其他各型棉蚜只适于取食植物的幼嫩部分。

棉蚜遍布于新疆各棉区，成虫、若虫群集于棉叶背面和嫩叶上刺吸汁液，由于被害部位组织受到破坏，使棉叶正、反面生长不平衡，致使叶片向背面卷曲，植株矮缩呈拳头状。同样根系发育不良，棉苗发育迟缓，主茎节数、叶数、蕾铃数减少，蕾铃大量脱落，生育期推迟，造成减产和品质下降。另外，棉蚜在吸食过程中，同时排出大量蜜露，附在茎叶表面，不仅影响光合作用和导致病害的发生，而且在吐絮期污染棉纤维，使棉纤维含糖量过高，严重影响皮棉的品质，给棉花纺织造成很大困难。同时，棉蚜还是传播 60 多种作物病毒的媒介，如甜瓜病毒，可造成更大的为害和损失。

2）棉黑蚜。分布于新疆、宁夏、甘肃。在新疆北疆发生重于南疆。棉黑蚜喜群居在棉苗嫩头取食为害，使顶芽生长受阻，腋芽丛生，叶片卷缩而呈畸形，棉苗发育迟缓或停滞，导致霜前花减少，产量下降。

棉黑蚜以卵在苜蓿、苦豆子上越冬。北疆在 3 月底至 4 月初卵孵化，4 月底至 5 月初出现有翅蚜；南疆在 4 月中旬可见有翅蚜。棉黑蚜的适宜温度为20 ~22℃，南疆 6 月上旬在棉田为高峰期，北疆 6 月中、下旬，气温达 23℃以上时，棉黑蚜数量急剧下降。9 月中旬出现性蚜，9 月底至 10 月上旬产卵越冬。

据玛河流域资料分析，当甘草上有蚜株率达 25% 的时间如发生在 5 月上旬，当年棉黑蚜发生严重；如发生在 5 月中旬，则在棉田发生较晚，为害较轻；如在 5 月下旬则发生轻。

3）棉长管蚜。仅分布于新疆。善于爬行在棉花叶背面、嫩枝和花蕾上分散取食为害，受害叶片出现淡黄色、失绿小斑点，不卷缩，一般情况下对棉花为害轻。棉长管蚜以卵在骆驼刺、甘草上越冬，春季气温达 10℃时孵化。迁入棉田时间与棉黑蚜相同，在棉花上分散活动，种群数量一般不大。秋末迁回越冬寄主。

4）拐枣蚜。分布于新疆，在局部地区发生为害。除为害棉花外，寄主还有沙棘和骆驼蓬。群集在棉苗嫩头取食，严重抑制棉苗顶芽生长，使棉苗发育迟缓而影响产量。拐枣蚜以卵在沙棘上越冬，发生规律与棉黑蚜相似。

5）桃蚜。分布于世界各地，寄主种类多，为害果树、蔬菜、瓜及多种农作物。自1989年在乌鲁木齐、叶城、莎车等地棉田大面积发生以来，现已成为新疆不少棉田常见的害虫。桃蚜在棉苗叶背取食为害，出现淡黄色、失绿小斑点，叶片不卷缩，但其密度大时嫩叶出现穿孔，使棉株发育迟缓。桃蚜在温室蔬菜上以孤雌生殖蚜越冬，还以卵在室外桃树上越冬。桃蚜的适宜温度为24℃，6月上、中旬在棉田达到高峰，6月中、下旬，气温达26℃以上，桃蚜发生受抑制，数量剧减。

6）莱豆根蚜。分布范围广，在我国华北、华中、华东也有分布；在新疆局部棉区发生，为害棉花根部，使主根及须根变细甚至腐烂，叶片变薄而暗，顶芽枯萎，严重时全株死亡。寄主种类多，是值得高度警惕的潜在性棉花害虫。该蚜以卵在黄连木上越冬，发生在北疆局部地区，发生规律有待研究。

（3）棉田害螨的发生与危害

1）土耳其斯坦叶螨。分布最广，为害最重。据调查，在乌鲁木齐、昌吉、石河子、奎屯、乌苏、沙湾、博乐、塔城、伊犁、阿勒泰、吐鲁番、库尔勒、阿克苏等棉区均有分布，是北疆棉田中的优势种。在内地各省区未见报道。

2）敦煌叶螨。在和田、喀什、阿克苏、库尔勒、哈密、博乐等地都有分布，是南疆棉田的优势种。

3）截形叶螨和朱砂叶螨。在石河子、奎屯、玛纳斯、吐鲁番、哈密、阿克苏、博乐均有分布。近几年，截形叶螨在北疆部分团场有加重发生趋势，在哈密棉区普遍发生为害。

4）二斑叶螨。仅在石河子和沙湾个别棉田中有少量发生，尚未形成大的种群。

以土耳其斯坦叶螨为代表（以下称棉叶螨），其寄主种类很多，除为害锦葵科的棉花外，还喜食豆科的各种豆类，葫芦科的瓜类，茄科的辣椒、茄子、番茄、马铃薯，菊科的向日葵、莴苣等。旋花科的田旋花等。

棉叶螨一般在棉叶背面活动，取食为害，也可在棉花的嫩枝、嫩茎、花萼、果柄及幼嫩的蕾铃部位为害。以口针刺入绿色组织，吸取汁液和叶绿素。据测定，叶螨在一分钟内可吸干20～25个植物细胞。被害部位因种类、棉花品种、螨量的密集程度及为害时间等表现出不同的症状。在新疆的大多数棉花品种被害后，初期叶正面呈现黄白色斑点，当螨量密集时，很快呈现出橘黄色斑，严重时呈现紫红色斑块。被害处的叶背面有丝网和土粒黏结，呈现土黄色斑块。为害严重时，叶片扭曲变形，甚至枯萎脱落。为害嫩茎、苞叶或蕾铃时，便会形成锈色斑。但长绒棉被害，并不出现紫红色斑块，叶片表现出褪绿或变枯黄。而截形叶螨和土耳其斯坦叶螨的为害状也有明显的不同，在截形叶螨为害时，棉叶正面出现的症状较晚，其发生为害更加隐蔽，应引起大家的足够重视。

棉花被叶螨为害后，产生一系列的生理变化，叶绿素和水分减少，光合作用受到抑制。据有关资料统计，当每叶有螨分别为 15、30、60 头时，其光合作用分别减少 26%、30% 和 43%。据测定：当每平方厘米有朱砂叶螨 71.6 头为害时，叶绿素含量仅是对照的 39.35%。受害叶还表现出细胞膜透性增大，过氧化物酶同工酶和脂酶同工酶谱都发生变化，氨基酸含量与蛋白质含量减少，使代谢和生理机能失调，最终导致出现各种症状，如使棉叶褪色黄萎、红叶，严重者造成落叶、落蕾、落花、落铃，使植株长势减退，造成减产。

棉叶螨为害后造成的经济损失：一般损失可达 30% 左右，而且品质下降。用 5 级分级法，当叶螨为害级平均在 2.45 级时，使纤维缩短 4.7%，千粒重减轻 21.4%；断裂荷重减少 7.7%，断裂长度缩短 4.0%，棉花减产 30% 左右，除直接为害外，棉叶螨还能传播病毒。

（4）双斑长跗萤叶甲的发生与危害。双斑长跗萤叶甲属鞘翅目、叶甲总科、叶甲科、萤叶甲亚科、长跗萤叶甲属。近年来，在北疆发现了双斑长跗萤叶甲，它是新疆棉花的新害虫。其分布范围扩展迅速，目前，北疆的奎屯及石河子下野地等各农牧垦区均有分布。特别是 2006—2007 年发生普遍，而且为害严重。

双斑长跗萤叶甲主要为害棉花上部叶片，为害时间较短或数量较少时，仅取食上表皮叶肉，形成凹陷，几天后凹陷由绿色变成黄褐色，形成花叶。为害时间较长或数量较大时，叶片形成缺刻，受害处变成黄褐色，最后形成枯斑。为害严重时形成网状叶脉，影响叶片光合作用，导致营养恶化，叶色发黄，被害部位焦枯，使生长发育受阻，易形成弱苗，对棉花开花、现蕾极为不利。

（5）棉花枯萎病的发生与危害。棉花枯萎病是棉花生产上一种危害极大的病害，过去曾被列为国内重要植物检疫对象，至今仍被新疆列为植物检疫对象。据调查，1957 年该病仅在南疆个别地区零星发生，1983 年扩展到 4 013 hm^2，1991 年扩展到 7 333 hm^2，1995 年发生面积在 6.7 万 hm^2 左右。1996 年和田地区枯萎病大发生，使不少棉田翻耕改播或绝产。自 1995 年以来新疆因枯萎病危害，每年棉田绝产面积在 0.333 万 hm^2 左右。

北疆棉区 1986 年前没有枯萎病发生，自 1987 年后在石河子、博乐、奎屯、昌吉等棉区相继发现该病以来，每年都以几倍甚至几十倍的速度迅速扩展，不仅出现了大量的重病田，而且出现了不少重病乡和重病连。据 1996 年以来的初步调查，在北疆棉区除伊犁地区仅个别单位零星发病外，几乎所有植棉师、县和绝大部分团场都已有枯萎病发生，有些县（或团）发病面积已占棉花播种面积的 20% ~30%，甚至更大，并出现了一些发病率达 20% ~30% 的重病田。其扩展速度之快，危害之重，已远远超过了黄萎病。过去新疆枯萎病的发生是南疆重于北疆，现在已是南北疆同样严重。

棉花幼苗出土后，在子叶期即可发病，现蕾期达到高峰，整个生长期均可引起发病死亡。其症状主要分为黄色网纹型、黄化型、紫红型、凋萎型、矮缩型几种类型。

病株不同症状类型的出现，与环境条件有一定关系。一般在发病适宜条件下，特别是在温室内做接种试验，表现黄色网纹型的症状较多；在大田中，气温较低时易出现紫红型；而在气温急剧变化，如阴雨后迅速转晴变暖或灌水后则容易出现凋萎型的病株。在新疆苗期枯萎病通常表现点片死苗和大量枯死，成株期以凋萎型和矮缩型最常见。

（6）棉花黄萎病的发生与危害。棉花黄萎病是棉花生产中最重要的病害，也是全国重要植物检疫对象之一。在我国自 20 世纪 90 年代以来，发生日趋严重，1993 年开始在全国各主要棉区暴发成灾，并相继在长江和黄河流域棉区发生落叶型株系，出现大面积落叶成光秆、几乎绝产的棉田，损失相当严重。该病在新疆发生也十分普遍，总的情况是北疆重于南疆。1982 年，乌苏县进行棉花黄萎病调查，发病面积 720 hm^2，占调查面积的 77.4%，全县平均发病率为 7.69%。1997 年沙湾县植棉 2.13×10^4 hm^2，80% 以上棉田发生黄萎病。农五师 89 团 1999 年调查，80% 棉田有黄萎病发生，发病率达 20% ~30% 的面积有1 016 hm^2，占 20.1%。农八师 142 团 1999 年调查，57.9% 的棉田有黄萎病发生，发病率达 10% ~30% 的棉田为 530.1 hm^2，占 11.7%。1999 年初步调查，北疆棉区 40% 以上棉田都有黄萎病发生。其中，重病田面积大约占播种面积的 8%，有些棉田发病率已达 30% 以上。特别是石河子、沙湾、奎屯、乌苏、博乐和玛纳斯等地发生较重，严重影响棉花的产量和品质。南疆棉区近几年黄萎病也有明显扩展之势，如库尔勒、阿克苏和喀什棉区（疏勒县和岳普湖县等），均较以往发病范围广而重。

单元 3

棉花枯萎病、黄萎病在我国大部分棉田混生为害，据 1983 年全国普查，两病发生遍及 21 个植棉省、自治区、直辖市的 574 个县。1983 年普查时的为害面积为 1.482×10^6 hm^2，其中绝产面积为 2.07×10^4 hm^2。棉花枯萎病、黄萎病混生的地区，往往在同一块地里两种病害均有发生，甚至在同一棉株上同时受两病侵染为害，损失明显加重，一般减产 20% ~30%，严重的减产 60% 以上，甚至无收成，混生病株比无病的单株产量下降 37%，单株结铃数下降 27%。据估算，枯萎病、黄萎病为害重的年份，全国每年损失皮棉约 150 万 ~200 万担，其中主要是枯萎病的危害。

1999—2001 年兵团垦区曾进行过一次棉花枯萎病、黄萎病普查，北疆棉区枯萎病发生面积占播种面积的 35%，黄萎病发生面积占播种面积的 45%（重病田面积 1.67×10^4 ~ 2×10^4 hm^2），以后又有明显增加。目前，新疆陆地棉的枯萎病虽通过抗病品种得到较好控制，但长绒棉和中长绒棉枯萎病的发生仍十分严重，如南疆长绒棉主栽品种新海 14 号和新海 21 号的发病率常达 60% ~90%，甚至全田被毁，北疆中长绒棉新陆早 16 号的情况与此类似。陆地棉不少品种苗期发病率常达 4% ~10%，但由于靠高密度栽培，其对产量的影响并不大。黄萎病日益加重的情况十分明显，如农一师 3 团植棉面积 0.8×10^3 hm^2，黄萎病重病田就达 5.3×10^3 hm^2，其他不少植棉县团也都程度不同地存在这一问题。黄萎病已成为目前不少植棉单位发展棉花生产的严重限制因素。

（7）棉花烂根病的发生与危害。棉苗烂根病是由多种真菌引起的棉花苗期病害的总称，南北疆普遍发生，常造成棉花苗期大面积缺苗断垄，甚至重播，对新疆棉花生产影响较大。宽膜植棉以后，烂根病仍为新疆棉花苗期最重要的病害，且随播种面积扩大，播种时期提前，连作年限延长，病害有逐年加重、为害期有明显延长的趋势。如 20 世纪 80 年代前新疆棉花烂根病主要发生在播后至幼苗期，棉苗出土 15 天后一般都会明显减轻，5 月中旬后很少再发生大量死苗，但目前烂根病的危害已延长到蕾期。据 2005—2008 年调查，只要 5 月下旬和 6 月上旬有明显降雨低温天气，虽棉花已长有 5 片真叶，仍有大量死苗现象，死苗率一般为 1% ~8%，个别条田高达 11.5%。

2. 玉米病虫害的发生与危害

（1）玉米螟的发生与危害

1）亚洲玉米螟。亚洲玉米螟是世界性的大害虫，遍及全国各省、区（西藏地区除外），在新疆的发生地区严重为害玉米，特别是对品种 SC704 玉米的为害更加严重，其次也为害高粱、谷子等。被害植株的茎秆组织遭受破坏，影响养分的输送，使玉米、高粱和谷子等穗部发育不全而减产，作物茎秆被蛀后，遇风吹易折断，损失更大。

玛纳斯河流域在推广 SC704 玉米品种的过程中，亚洲玉米螟虫口密度急剧增加，严重者被害率达 100%，蛀秆率达 90% 以上，茎秆折倒率为 30% ~50%。

2）欧洲玉米螟。欧洲玉米螟在国内主要分布于新疆和宁夏两省区。而在新疆仅分布于伊犁和博州两地州。在国外则分布于欧洲、北美、非洲西北部、亚洲西部。

据在博州精河县调查，玉米茎秆被害率达 97%，玉米果穗被害率达 79%，造成严重损失。

（2）玉米叶螨的发生与危害。截形叶螨是新疆玉米叶螨的优势种类；土耳其斯坦叶螨和朱砂叶螨在北疆各地玉米田发生为害较普遍；冰草叶螨、敦煌叶螨在南疆发生较普遍，且为害较重，玉米田几种叶螨往往混合发生；细突叶螨和玉米岩螨仅在伊犁及石河子个别地区发现。

1）截形叶螨。该螨主要为害叶片，数量少时在叶片背面取食为害，使叶片正面出现黄白色斑点或条斑，为害初期叶背面如撒上粉末灰尘一般，用手持扩大镜仔细观察，可看到叶螨个体。数量大时，也可在叶正面活动为害，被害部位呈现出连片的黄褐色条斑，甚至呈红褐色斑纹，随着为害加重，最终造成叶片焦黄干枯。该螨不仅为害玉米，还为害各种经济作物、花卉、果树、蔬菜等。

2）土耳其斯坦叶螨、朱砂叶螨、细突叶螨。截形叶螨的为害状基本相似，均可吐丝结网，多在网下活动、取食、交配产卵等，为害严重时，会使玉米田呈现一片枯白，对产量影响很大。

3）冰草叶螨。主要在玉米叶片背面取食为害，并大量吐丝结网，密度大时，丝网灰粒黏结在一起，覆盖叶面，影响光合作用，出现的被害状与截形叶螨基本相同，还为害小麦。

4）敦煌叶螨。在叶片背面沿叶脉两侧取食为害，正面出现黄白色斑点，严重时出现黄褐色的斑块，甚至干枯。

5）玉米岩螨。是在石河子地区发现的一种害螨，其他地区尚未见报道。该螨发生在玉米苗期和心叶期，为害时间较短，但密度大时直接影响玉米的拔节生长。玉米岩螨在叶片的正反面均可取食为害，亦为害叶鞘。害螨多沿玉米叶片主脉两侧取食，取食后在叶片上留下整齐的圆形白色斑点，在田间易辨认。

(3）玉米瘤黑粉病的发生与危害。玉米瘤黑粉病又称灰包，分布极广，是玉米的重要病害。该病在新疆各玉米产区均有发生，早期感染可引起果穗不实和植株死亡。大型病瘤减产达60%以上，中等病瘤减产25%左右，小型病瘤减产可达10%，大面积估计其减产率为病株率的1/3。

(4）玉米丝黑穗病的发生与危害。玉米丝黑穗病是玉米的重要病害。该病在新疆各地均有发生，南疆重于北疆，在喀什、阿克苏等地有时为害较重。

3. 小麦病虫害的发生与危害

小麦是我国主要的粮食作物，尤其对北方小麦主产区来说，小麦生产是关系到广大人民群众生活的重大问题。我国在小麦上发生的害虫，截至20世纪80年代统计已知为237种，属于11目57科，应列为防治对象的有57种。

新疆属西北冬春麦混种虫害区。粮食作物主要害虫种类大致可分属以下各目：

直翅目：蝗虫类（亚洲飞蝗、意大利蝗、新疆西伯利亚蝗、土库曼蝗、小垫尖翅蝗、黑腿星翅蝗等）。

同翅目：叶蝉类（大青叶蝉、条沙叶蝉、灰蝉等）、蚜虫类（麦二叉蚜、麦长管蚜、麦双尾蚜）。

缨翅目：蓟马类（小麦皮蓟马）。

鞘翅目：芫菁类（红头芫菁、西伯利亚芫菁等）、步行虫（毛婪步甲、谷婪步甲等）、伪步甲（网目沙潜）、负泥虫类（小麦负泥虫、密点负泥虫、黑角负泥虫）、叶甲类（麦颈叶甲）、金龟甲类（锚纹麦穗金龟、农田麦穗金龟等）。

鳞翅目：螟蛾类（亚洲玉米螟、欧洲玉米螟、草地螟等）、夜蛾类（冬麦沁夜蛾、谷粘虫、腐粘虫）。

双翅目：蝇类（黄麦秆蝇、黑麦秆蝇、小麦白翅潜叶蝇、种蝇类）、蚊类（黑森瘿蚊）。

叶螨类：麦长腿蜘蛛（麦岩螨）、麦圆蜘蛛。

（1）麦蚜的发生与危害。新疆为害麦类的地上蚜虫种类有麦长管蚜、麦二叉蚜、麦双尾蚜、禾谷缢管蚜、玉米蚜、红腹缢管蚜、麦无网蚜等，为害根部的除红腹缢管蚜外，还有秋四脉棉蚜、麦拟根蚜、菜豆根蚜等。

麦二叉蚜和麦长管蚜为全球性分布种类，全国全疆均有发生。麦双尾蚜主要分布于南纬30°~40°和北纬30°~40°间的国家和地区，我国目前仅分布于新疆的阿勒泰、哈巴河、福海、布尔津、塔城、额敏、伊犁、霍城、昭苏及乌恰、叶城等地。

冬小麦是麦二叉蚜、麦长管蚜的第一寄主，春小麦、大麦、自生麦苗、高粱、糜子和水稻为侨居寄主。麦双尾蚜最适寄主为大麦、小麦，而黑麦、燕麦、稻等仅为可食寄主。杂草寄主有芦苇、野燕麦、碱草、白茅、冰草等。

麦蚜主要以成、若虫危害。因蚜虫种类不同，为害时期、部位及为害状也不同，麦二叉蚜集中在苗期为害，主要在植株下部叶片的叶背取食，叶受害后，易产生黄色枯斑，黄斑连片易引起全叶黄化枯死。麦长管蚜主要在小麦穗期为害，多在穗部取食，如在叶片上则在叶正面，不易造成黄化现象。麦双尾蚜首先取食未展开叶，使叶从一侧纵卷成筒状，然后它躲入其中繁殖为害，因其取食时注入毒素，被害2日左右全叶呈现明显褪绿斑和花叶，冷凉条件下叶出现深红至紫红条纹。

由于受麦蚜危害，小麦常年减产3%，严重可达25%，个别地区达35%以上，甚至可造成颗粒无收。一般小麦抽穗后，蚜害造成减产更为严重，据资料，如每株有蚜90头，千粒重降低20.8%。此外，麦蚜通过传播病毒病（小麦黄矮病）对产量和品质造成的危害更大。据测定，小麦三叶期感病减产达90%以上，植株明显矮化，一般不能抽穗；拔节至孕穗期感病，一般减产25%~50%；抽穗后感病，一般减产15%。

（2）黑森瘿蚊的发生与危害。黑森瘿蚊又名小麦黑森瘿蚊、黑森麦秆蝇、小麦瘿蚊、黑森蝇。黑森瘿蚊最早在北美洲发现，19世纪相继出现在西班牙、前苏联、英国、新西兰等国，据1955年英国联邦昆虫局资料，此虫已广泛分布于欧洲、亚洲、非洲、大洋洲、北美洲的30多个国家。20世纪80年代前我国尚未发现此虫，但已被列为检疫对象，20世纪80年代在新疆首次发现此虫危害，主要分布在博乐、温泉、精河、霍城、察布查尔、伊宁、特克斯、尼勒克、昭苏、巩留、新源及67团、70团、72团等地。

黑森瘿蚊的寄主主要为小麦、大麦、黑麦、冰草属植物、匍匐龙牙草、稗草等。

黑森瘿蚊对三种栽培麦类的为害以小麦最重，大麦次之，黑麦最轻，以幼虫潜伏在叶鞘内侧刮吸汁液。拔节前，幼虫在表土下部茎节处为害，被害麦苗植株矮小，叶色暗绿，心叶无或短小，植株匍匐于地面不能拔节或虽拔节抽穗，但麦穗畸形，子粒空瘪，严重时可成片枯死。拔节后由于表土以下植株老化变硬，幼虫多转移到地面上的 1、2 节处为害，被害植株常在被取食处折倒，呈祈祷状，严重影响产量。

在世界各地，黑森瘿蚊是小麦最严重的害虫之一，受害严重地块产量损失达 70% ~90%，甚至造成颗粒无收。1981 年新疆博尔塔拉州受害麦田 2.97×10^4 hm^2，占小麦播种面积的 78.9%。因受害严重而翻种的地近万亩，损失小麦 7×10^6 kg。据研究，冬麦单株有虫1 ~6头时，产量损失为 45.6% ~76.7%；春麦单株有虫 1 ~6 头时，产量损失可达 64.6% ~83.3%。

（3）小麦锈病的发生与危害。小麦锈病有条锈、叶锈、秆锈三种，在新疆以条锈为主。如 1960 年条锈病在全疆范围内发生，小麦减产达 1×10^8 kg。1990 年小麦条锈病在阿克苏地区大发生，其中重病田 2.27×10^4 hm^2，减产 25.5%。1993 年小麦条锈病在阿勒泰地区大发生，使小麦产量受到很大损失。在北疆的伊犁、塔城冬麦区该病常年都有发生，少数年份造成大流行，在北疆其他冬麦区有些年份发生也较重。一般在大流行年份减产 10% ~20%。其次是叶锈，南北疆各地都有不同程度的发生，有时也为害较重。秆锈病只在阿勒泰春麦区偶有发生。

（4）小麦白粉病的发生与危害。小麦白粉病在全疆各地都有发生，尤以北疆冬麦区发生最重。受害后，由于霉层覆盖，叶片光合作用降低，同时，由于蒸腾强度增加，病菌又不断吸取养料和消耗水分，需水量也大为增加，对小麦的生长发育影响很大，一般流行年份减产 5% ~10%，重病田减产 20% 以上。近年来由于注意推广抗病品种，发病有明显减轻。

（5）小麦矮腥黑穗病的发生与危害。小麦矮腥黑穗病是我国对外植物检疫对象。新疆局部地区有发生。此病为害严重，小麦感病后，直接造成产量损失。病菌随土壤和种子传播，能在土壤中存活 6 ~7 年，甚至 10 年，很难根除，所以它是一种危险性病害，必须严格检疫。

（6）小麦普通腥黑穗病的发生与危害。小麦普通腥黑穗病是光腥黑穗病和网腥黑穗病的统称。这两种腥黑穗病在新疆发生都比较普遍，有些地方发生重，如伊犁、塔城等地重病年份有些麦田病穗率高达 10% 以上。新疆以光腥黑穗病为主，网腥黑穗病在哈密、昌吉、玛纳斯、乌苏、新和、库车、洛浦、墨玉、和田等部分地区发生。小麦腥黑穗病又称黑疸，小麦发病后不仅造成减产，而且会降低品质，病粒内含有带腥臭味的有毒物质，人畜食后能引起中毒。

（7）大、小麦散黑穗病的发生与危害。大、小麦散黑穗病俗称黑疸、灰包等，普遍发生于新疆冬春麦区，一般发病较轻，在 1% ~5% 之间。个别较重地区，如靠近湖河地带若扬花期多雨，发病率可达 10% 左右，严重影响小麦品质。

（8）小麦雪腐病与雪霉病的发生与危害。小麦雪腐病和雪霉病多发生在积雪时间长的冬麦区，是北疆积雪冬麦区的重要病害之一。除小麦之外，大麦等都可感染，但以小麦为主。雪霉病在新疆以近山冬麦区发生最重。

两种病害在新疆主要危害幼苗，轻者则分蘖死亡，严重减产；重者造成全田毁灭，以至翻耕改种。如1994年春，152团小麦雪霉病大发生，近267 hm^2 冬麦毁种再播，造成很大损失。伊犁、塔城地区，因一般年份积雪较厚，成为两病在新疆发生最重的地区。2004年农九师2000 hm^2 冬麦因两病而绝收。

4．葡萄病虫害的发生与危害

（1）葡萄霜霉病的发生与危害。1985年在阿克苏地区首先发现该病，随后在伊宁、霍城、呼图壁、玛纳斯、石河子、昌吉、乌鲁木齐市、塔城等地相继发生。1987年霍城县发病面积占全县种植面积的80%，平均减产50%。该病害还能侵害山葡萄、野葡萄、蛇葡萄。

葡萄霜霉病主要为害叶片，也能侵染嫩梢、花和幼果等柔嫩部分。

（2）葡萄白粉病的发生与危害。新疆1956年在伊宁首先发现此病，病害逐渐蔓延扩大，目前在伊犁、石河子、哈密、喀什、和田、阿克苏、昌吉、吐鲁番、阿图什等地均有发生。

葡萄白粉病主要为害叶片、叶柄、果实、果柄、新梢及卷须等绿色幼嫩组织，以幼嫩叶片发病最早，以果实受损害最重。

（3）葡萄黑痘病的发生与危害。葡萄黑痘病又名疮痂病、鸟眼病，是葡萄重要病害之一。我国最早记载于1899年。此病分布广，发生普遍，我国所有的葡萄产区几乎均有发生，在多雨潮湿地区发病最重。黑痘病常造成葡萄新梢和叶片枯死，果实品质变劣，产量下降，损失很大。

葡萄黑痘病主要危害葡萄的绿色幼嫩部分，如果粒、果梗、穗轴、叶片、叶脉、叶柄、枝蔓、新梢及卷须等，其中以果粒、叶片、新梢为主，果穗受害损失最大。

（4）葡萄白腐病的发生与危害。葡萄白腐病又称水烂病、穗烂病，是葡萄重要病害之一，我国南北葡萄产区均有发生。一般年份损失可达25%左右，流行年份可达50%～70%。

葡萄白腐病主要危害果穗，也危害枝蔓和叶片。

（5）葡萄根癌病的发生与危害。葡萄根癌病又称葡萄根肿病，在我国各地都有发生，在新疆，最早在1984年吐鲁番地区葡萄上发现，1986—1988年已蔓延至鄯善、和田、于田、喀什、叶城、石河子等地。有时感病品种发病率在30%以上，重的发病率高达90%以上，严重者绝收毁园，给葡萄生产和发展带来了较严重的影响。

葡萄根癌病主要发生在葡萄的根颈部、根部和老蔓上，以在根颈部、嫁接口、剪枝口和机械碰伤处发病较多，特别在砧木与接穗结合处发病最多。

（6）葡萄二星叶蝉的发生与危害。葡萄二星叶蝉属于同翅目，叶蝉科，又名葡萄斑叶蝉。分布在华北、西北和长江流域。一般在通风不良、杂草繁生的葡萄园发生得比较多。除为害葡萄外，还为害苹果、梨、桃、樱桃、山楂及多种花卉。

葡萄二星叶蝉的成虫、若虫聚集在葡萄叶的背面吸食汁液，严重时可使叶片苍白或焦枯，影响枝条成熟和花芽分化。

（7）葡萄缺节瘿螨的发生与危害。葡萄缺节瘿螨是真螨目瘿螨科的一种，俗称葡萄毛瘿螨，又称葡萄潜叶壁虱、葡萄毛毡病等。

葡萄缺节瘿螨在北方葡萄产区多有发生，造成早期落叶，对产量品质影响极大。为害葡萄的芽和叶，叶片受害处正面凸起，叶背下陷，在叶背下陷处生白色茸毛，似毛毡状，故称毛毡病。后期叶背茸毛变黄褐色，最后干枯变褐色。严重时嫩梢、卷须及幼果均可受害，影响叶片正常发育。叶片受害严重时全叶皱缩伸展不开，甚至枯死。

（8）东方盔蚧的发生与危害。东方盔蚧又称扁平球坚蚧、东方胎球蚧、远东盔蚧、褐盔坚蚧等，分布于东北、华北、西北等地，为害果树、园林苗木。其寄主广泛，有桃、杏、李、樱桃、梨、苹果、葡萄、山楂、刺槐、榆树、柳树等，以葡萄、桃、刺槐受害最重。

东方盔蚧在全国葡萄产区均有分布，以若虫和成虫为害葡萄枝干、叶片和果实。成虫、若虫附着在枝干、叶和果穗上刺吸汁液，并排出大量黏液，滴落在叶面及果实上，招致蝇类吸食和霉菌寄生，表面呈现烟煤状，影响光合作用和阻滞呼吸，严重时枝上密布半球形虫体，使树势衰弱，枝条枯死，生产园及资源圃应注意。

二、农业生产中主要病虫害的防治措施

1．棉花病虫害的防治

（1）棉铃虫的防治

1）农业防治。在棉铃虫产卵盛期，结合田间打顶，采卵灭虫，把打下的嫩头带出田外，可消灭卵和1、2龄幼虫。种植苘麻或玉米诱集带，以诱集棉铃虫产卵，再采取措施消灭。秋耕冬灌压低越冬虫口基数。

2）诱杀成虫。使用杨枝把和频振式杀虫灯诱杀成虫。

3）药剂防治。在卵高峰或初孵幼虫期，对虫卵量达到防治指标的田块喷药防治。药剂以生物制剂和对天敌杀伤力小的药剂为主，如赛丹、5%虱螨脲（美除）、安打、拉维因、600亿单位核多角体病毒（科云NPV）、甲氨基阿维苯甲酸盐等，绝对禁止使用广谱性农药和大面积使用菊酯类药剂。

（2）棉蚜的防治

1）农业防治。实行麦棉邻作或棉田周围种红花、油菜、苜蓿等生态带，以改变农田单一生态结构，有利于天敌栖息繁殖，充分保护、利用天敌，增强对棉蚜的自然控制

能力。科学配方施肥，不宜过多施用氮肥，施微肥要配合灭蚜。树立大农业、全局观点，花卉、瓜、菜地远离棉田，特别注意花卉和瓜、菜作物上灭蚜于迁飞前。

2）黄板诱蚜。棉蚜向棉田迁飞前，在居民区、虫源地设置黄板诱蚜。

3）种子处理。在棉蚜发生偏重的年份或常发棉区，使用药剂拌种。种子处理可兼治棉花苗期的棉叶螨、烟蓟马等害虫。

4）化学防治

①棉蚜越冬防治。对温室、大棚种植的黄瓜、芹菜等蔬菜上越冬的棉蚜进行防治。棉蚜的室外越冬寄主石榴、花椒、黄金树等早春发芽后，在棉蚜产生有翅蚜向棉田迁飞前，及时喷施药剂灭蚜。

②棉蚜点片发生期的防治。棉田棉蚜在形成中心株或点片发生时，采用涂茎法或药液滴心法进行防治，及时将棉蚜控制在点片发生期。

棉蚜在棉田扩散为害面积较大，天敌又不能控制棉蚜数量快速增殖时，实行条带式药剂防治，不宜全田喷药，药剂以生物性农药和对天敌杀伤力小的药剂为主，如早期使用20%啶虫脒类、45%吡虫啉或70%吡虫啉等，禁用菊酯类和广谱性农药。

（3）棉叶螨的防治

1）农业防治。清除田间的棉秆枯叶和杂草，及时秋耕冬灌，同时破除田埂，可有效减少棉叶螨的越冬基数。对于茬灌地最好选择当年叶螨发生轻的地块。合理轮作倒茬，合理安排好棉田边的邻作，减少棉叶螨喜好的寄主（棉田周围种单子叶植物为好）。加强田间管理，合理使用N、P、K肥，促进棉株健壮生长，控制螨害。

2）生物防治。在苗期利用捕食螨在叶螨发生初期进行防治。

3）药剂防治。早春，根据调查统计结果，做好田边地头周围杂草上的害螨防治。棉苗出土后，结合定苗，采取查、抹、摘、拔、涂的办法，进行人工挑治。若点片发生螨害时，要插上标记及时使用药剂处理，药剂必须选用专性杀螨剂，如24%螨危、20%四螨嗪（破卵）、5%噻螨酮（尼索朗）等；34%哒螨灵、30%三磷锡、5%唑螨酯（螨喜）、73%炔螨特、1.8%阿维菌素等。7～10天后根据药效进行二次防治，一定要将棉叶螨控制在头水前。

4）加强生态带的处理。对棉田地边种植的玉米诱集带进行有效处理，只诱不防，适得其反。

（4）双斑长跗萤叶甲的防治

1）农业防治。清除杂草，减少过渡寄主。春季及时清除地边杂草，控制其数量，减轻双斑长跗萤叶甲在棉田中的为害。加强田间管理，增强棉花的抗虫能力。发生重棉田适当提前头水的灌溉时间，影响其地下虫态，有效压低田间发生量；及时加强肥水管理，促健苗、壮苗，增强棉花的抗虫能力，减轻受害程度。

2）物理防治。对点片发生的地块进行人工网捕，既可降低虫口数量，又可减少蚜虫大发生的机会。

3）药剂防治。在双斑长跗萤叶甲发生为害较重时，使用艾美乐和硫丹类药剂进行点片防治，尽量减少用药次数。在普遍发生的棉田，使用机车普防一次。

（5）棉花枯萎病的防治。保护无病区：

1）种子处理。硫酸脱绒后用80%抗菌剂402 55～60℃浸泡0.5 h。

2）建立无病留种田。

3）种植抗病品种。

4）轮作倒茬。

5）加强栽培管理。

（6）棉花烂根病的防治

1）做好播前准备工作。良好的播前准备可减轻棉苗烂根病的发生。

①种子准备。一定要选饱满、发芽率高和发芽势强的良种作为种用。

②土地准备。秋季应进行秋耕冬灌，并尽量深翻25～30 cm，将表层病菌和病残体翻入土壤深层使其腐烂分解，减少表层病原，利于出苗。冬灌还可避免春灌造成的土壤过湿、地温较低。播前耙地整地，使其达到“齐、平、松、碎、净、墒”，可促使出苗整齐迅速，减少病菌侵染。

2）适期播种。新疆棉区春季气温低，地温回升慢，有时常有倒春寒和霜冻出现，过早播种容易引起烂种死苗，早而不全；过晚播种又全而不早，无法发挥地膜栽培的增产作用，所以掌握适期早播非常重要。

3）加强田间管理。出苗后应及早中耕松土，雨后注意中耕破除板结，使土壤通气良好，提高地温，可减轻发病。烂根病发生较重的条田应增加中耕次数，间苗时应剔除病苗和弱苗，重病田定苗时应增加留苗密度。

4）种子处理。药剂处理棉种，有较好的防效。可根据本地情况选用种子量0.5%的0.3%甲基立枯灵，或采用福多甲种衣剂包衣。

2. 玉米病虫害的防治

（1）玉米螟的防治

1）农业防治。玉米螟幼虫大多数在玉米秆、玉米穗轴芯中越冬，春季化蛹。所以，采取秸秆还田、沤肥或作饲料，力争在4月底前因地制宜地将玉米秸秆处理掉，可有效降低虫口密度，减轻田间螟害。

2）生物防治。可以根据情况选择赤眼蜂防治、白僵菌封垛防治和Bt乳剂防治。玉米喇叭口期应用生物农药防治玉米螟虫，将Bt颗粒剂或白僵菌菌砂投入喇叭口中，或使用菜喜喷雾，可兼治棉铃虫等害虫。

3）物理防治。在玉米螟发蛾始盛期，可在玉米地附近的开阔地，按 13.3 hm^2 玉米设置一盏高压汞灯，下设药池，或按 3.3 hm^2 玉米设置一盏黑光灯、频振式杀虫灯，诱杀玉米螟成虫，降低虫口密度，减轻玉米螟危害。

4）化学防治

①颗粒剂灌心。在玉米心叶末期施用农药颗粒剂，可毒杀心叶处玉米螟。药剂可用 50%辛硫磷 10 mL，兑水少许，均匀喷拌在 8 kg 的细煤渣或细砂上，配制 0.1%辛硫磷毒渣，每株玉米施 1 g 左右；或每 0.07 hm^2 用 3%辛硫磷颗粒剂 250 g 均匀拌入 4～5 kg 细河沙；或用 25%杀虫双水剂 200 g，拌细土 5 kg，制成毒土；或用 0.1%或 0.15%氟氯氰颗粒剂，拌 10～15 倍煤渣颗粒，每株用量 1.5 g，颗粒剂点心。

②药液灌心。在玉米心叶末期，用 90%晶体敌百虫 1 000 倍液灌心，每株毒液灌 10 mL。或用 25%杀虫双水剂 500 倍液，每株 10 mL 灌雄穗。

③药液灌穗。玉米露雄时，用氰戊菊酯乳油或 2.5%溴氰菊酯乳油 1 000～1 500 倍液灌注雄穗，或喷洒在雌穗顶端的花丝基部，使药液渗入花丝杀死在穗顶危害的幼虫。

（2）玉米叶螨的防治

单元 3

1）农业防治

①秋耕冬灌，灭除田内外杂草，降低越冬基数。

②合理布局作物。

③选育抗螨品种。

2）化学防治。喷洒专性杀螨剂，如 30%三磷锡、螨危（螺螨酯）、5%唑螨酯（螨喜、霸螨灵）、73%炔螨特等。

3）生物防治。保护利用天敌。

（3）玉米瘤黑粉病的防治。防治玉米瘤黑粉病应采取以种植抗病品种为主的综合防治措施。

1）清洁田园。减少菌源，彻底清除田间病株，进行秋翻地。植株在田间发病后及早割除菌瘤，带出田外进行深埋或烧掉。

2）选用抗病品种。一般甜玉米最易感病，耐寒和果穗苞叶长而薄的品种较抗病，马齿型玉米品种较抗病，杂交种通常较自交系抗病。

3）加强栽培管理。合理密植，防止过量施氮肥，灌溉要及时，特别是在抽穗前后易感病阶段，必须保证水分充分供应。

4）发病重的地块可以采用玉米、高粱、谷子、大豆等作物三年轮作的方法。

5）用 15%粉锈宁拌种，用量为种子量的 4%，可减轻种子带菌造成的危害。

6）及时彻底防治虫害，如玉米螟等。减少由于虫害而造成的伤口成为感染伤口的可能性。

7）在玉米抽雄前喷5%福美双，防治1~2次，可有效减轻病害。

3. 小麦病虫害的防治

（1）麦蚜的防治

1）农业防治

①合理调整作物布局。冬、春麦混作区，酌量分别集中种植或单一种植，进行麦、棉、油轮作倒茬，切断麦蚜食物联系，减轻为害，此外麦二叉蚜严重常发区，夏季可扩大玉米、谷子的种植面积，减小高粱、糜子的种植面积或尽量远离，可减少桥梁寄主，相应减少秋季虫源。

②选育抗蚜品种。因地制宜选用抗蚜耐黄矮病的优良品种。

③适期播种。冬麦适时晚播，春麦早播，播期适当集中，可减轻蚜害。

④合理灌水。提前冬灌、及时浇拔节水、抽穗前后进行喷灌都可控制蚜量。

2）生物防治。麦田蚜虫天敌资源十分丰富，尤其瓢虫、食蚜蝇、草蛉、蚜茧蜂、蜘蛛等的种类多、数量大，控蚜效果显著，在许多植棉区，冬麦田成为棉田天敌的主要虫源地，因此应尽量减少或改进施药措施，尽可能避免杀伤天敌，充分发挥其控蚜效能，必要时可人工助迁或繁殖释放天敌控制蚜害。

3）药剂防治

①种子处理。药剂拌种。

②喷药。喷洒70%艾美乐10 000倍、50%抗蚜威可湿性粉剂4 000~5 000倍均可收到良好效果。

（2）黑森瘿蚊的防治

1）农业防治

①调整播期。冬麦适期晚播，春麦尽量早播，避开成虫产卵期。

②清洁田园。麦收后及时深翻麦茬入土，消灭麦茬中的幼虫和围蛹；夏季及时清除田间自生麦苗和寄主杂草，以减少虫源及发生代数。

③选育抗虫、耐虫品种。凡叶片多毛、分蘖力及再生力强、发育快、叶鞘紧裹、茎叶坚实的丰产抗虫品种，成虫产卵量少或孵化率低，使幼虫不易侵入。幼虫发育不良，可减轻作物受害率。

2）生物防治。黑森瘿蚊天敌很多，据伊犁等地调查，寄生蜂有5种，直接捕食成虫的蜘蛛有10多种，还有草蛉等，卵寄生蜂田间卵寄生率可高达80%，普通草蛉幼虫每头1 h可食卵200多粒，天敌对黑森瘿蚊发生与为害起到了很好的控制作用。

3）药剂防治。对发生面积不大的田块，可用75%的3911按种子重量的0.3%~0.4%拌种，效果很好。在大面积发生为害时，可在成虫羽化高峰期和产卵期进行喷雾、喷粉，将幼虫消灭在入鞘前，一般每隔4~7天喷1次，共喷药2次，可显著降低为害。

（3）小麦锈病的防治。对于锈病的防治，应以选育和利用抗病品种为主，加强田间栽培管理和适时用药防治等综合措施。

1）农业防治

①选用抗病品种。种植抗（耐）锈优良品种，是防治锈病最为经济有效的措施。在利用品种防病中，应注意：

a. 选用“迟锈”或“慢锈”品种，以保证中度流行年份不减产，大流行条件下减产轻微即可。

b. 在秆锈病流行地区，选用早熟避病品种。

c. 搞好抗病品种的合理布局，延长抗病品种的使用年限。

②加强栽培管理。适期播种，避免过度密植，搞好水肥管理。

2）化学防治。利用药剂进行防治。

由于三种锈病的发生特点不同，使用药剂的时间也不一样。

①防治时机选择

a. 条锈病和叶锈病。一般在拔节至抽穗期，病叶率达2%～5%，且气候条件有利发病时，开始喷第一次药。

b. 秆锈病。一般在小麦扬花灌浆期，病秆率达1%～5%时开始喷药。

②药剂与施药方法。在发病初期开始喷洒25%三唑酮可湿性粉剂1 500～2 000倍液、25%敌力脱乳油3 000倍液、12.5%速保利可湿性粉剂4 000～5 000倍液，隔10天左右1次，连续防治2～3次。

（4）小麦白粉病的防治。防治小麦白粉病应以采取选育抗病良种措施为主，辅之以药剂防治和栽培防治技术措施。

1）农业防治

①选育抗病良种。

②栽培防治。麦收后及时翻耕灭茬，消灭自生麦苗，可以减少越夏菌源。合理密植，避免过密栽培，控制适当株数。增施磷、钾肥，不偏施氮肥，可提高植株抗病能力。

2）药剂防治。在发病初期可喷洒25%三唑酮可湿性粉剂1 500～2 000倍液，10天一次，连续2～3次。

（5）小麦黑穗（粉）病的防治。小麦黑穗（粉）病包括散黑穗病、腥黑穗病和秆黑粉病，其具体防治措施有：

1）严格检疫和种子检验。病区的小麦和种子不能外运和外调，严格执行种子检疫条例。

2）药剂拌种和土壤处理。药剂拌种是防治小麦黑穗病最经济有效的措施。目前比较好的拌种药剂有：①12%三唑醇或12.5%烯唑醇，每100kg种子用药20～30g拌种。②2%立克锈，每100kg种子用药20g拌种。

3）农业防治。不要用颖壳、病麦秆和场土垫圈和沤肥。冬麦不宜播种过迟，春麦不宜过早，注意整地保墒，提高播种质量，播种不宜过深，覆土不要过厚。发病严重的地块冬麦可改种春麦，或进行5～7年轮作。

4）选用抗病品种，从品系或材料中选高抗或免疫的基因型作为抗源亲本，进行杂交。

5）设置无病种子区。在良种繁殖场或生产队，可以设置无病种子繁殖隔离区，无病种子区距离大田至少要100 m。无病种子区播种所用种子，应经过种子处理，并进行去杂、去劣、拔除病株。

（6）小麦雪腐病与雪霉病的防治。对这两种病应采取以耕作栽培防病为主，结合选用抗、耐病品种和药剂防治的综合防治措施。

1）农业防治

①轮作。轮作对防治雪腐病和雪霉病都有效，特别是对雪霉病更有效。各地应根据具体情况，选择玉米、棉花、大豆等作物轮作。

②耕作栽培管理。进行伏耕灭茬，施足基肥，氮磷钾肥合理搭配，适当提早追肥，促使早化雪，注意排除田间多余雪水，适期播种，都可减少发病率。

③选用抗、耐病品种。

2）药剂防治

①种子处理。

②药剂喷洒。

4．葡萄病虫害的防治

（1）葡萄霜霉病的防治

1）彻底清除果园病残体。

2）加强栽培管理。

3）喷药保护。如安泰生、银法利、霉多克、10%烯酰吗啉、25%阿米西达、代森锰锌均是较好的霜霉病的防治药剂。

（2）葡萄白粉病的防治

1）注意田间卫生。

2）加强栽培管理。

3）喷药保护。常用的防治药剂有43%好力克、12.5%敌力康、20%三唑酮乳油及15%三唑酮粉剂等。

（3）葡萄黑痘病的防治

1）选用抗病品种。

2）清除菌源。

3）加强栽培管理。

4）药剂防治。

5）新建的葡萄园或苗圃消毒。

（4）葡萄白腐病的防治。防治葡萄白腐病应采取铲除侵染源、加强栽培管理和喷药保护相结合的综合治理措施。

1）清除越冬菌源。

2）加强栽培管理。

3）药剂防治，地面撒药，喷药保护。

4）套袋。

（5）葡萄根癌病的防治。由于根癌土壤杆菌的致病机制特殊，加上苗木带菌传播，病菌通过伤口侵入，因此防治根癌病应把药剂防治、生物防治、植物检疫和农业防治等措施相结合，才能取得理想的效果。

1）检疫措施。禁止从病区调运葡萄苗，对引进的葡萄苗消毒才能种植。

①繁育无病苗木。

②苗木消毒处理。

2）农业措施。在上架、嫁接、埋条等操作中注意不使葡萄受伤，防止冻害，及时防治地下害虫，以减少伤口，减少病菌侵染机会。人工修剪枝蔓后的剪口要进行消毒，防止病菌侵入。合理施肥，适当施用酸性肥料，使之不利病菌的生长。注意病区灌溉水的流向，以防病菌传播蔓延。

（6）葡萄二斑叶蝉的防治

1）农业防治。在葡萄生长时期，使葡萄枝叶分布均匀、通风透光良好；秋后清除葡萄园的落叶、枯草，消灭其越冬场所，都能显著减少害虫的数量。

2）化学防治。抓好秋季、早春越冬代和一代若虫防治，选用生物农药复配剂24.5%农信安乳油2 000~3 000倍液、泰丰奇兵2 000倍液进行防治。

（7）葡萄缺节瘿螨（毛毡病）的防治

1）在生长季节标记发生植株，繁育苗木的种条不能从发生株上采，以防传播。新购进的葡萄苗木或插条，必须认真检疫和消毒。在波美度3°~5°石硫合剂中浸2 min（苗木根部须避浸泡防苗木死亡），有很好的防治效果。

2）发现被害枝，当即剪掉深埋。

3）全期可用螨危4 000倍液喷雾防治，早春萌芽成绒球期，可喷洒波美度4°~5°石硫合剂，萌芽展叶期间喷洒波美度0.2°石硫合剂、阿维菌素和杀螨隆。展叶前期喷功夫菊酯也有防治效果。

（8）东方盔蚧的防治

1）杜绝虫源。注意不要采带虫接穗，苗木和接穗出圃要及时采取处理措施。果园附近防风林不要栽植刺槐等寄主林木。

2）保护和利用天敌。少用或避免使用广谱性农药，以保护天敌，并充分发挥天敌的作用，可捕食一部分介壳虫，从而减少打药的次数，是生产无公害果品的有效途径。

3）人工防治。种植人员无论何时发现有中心虫株，即应树下铺一纸张，及时刮掉虫，收集烧毁。

4）药剂防治。冬季和早春，使用速扑杀 1 000 倍液或波美度 3°～5°石硫合剂或 3%～5%柴油乳剂，消灭越冬若虫。

单元测试题

一、填空题（请将正确的答案填在横线空白处）

1. 棉花常见害虫有________、________、________。

2. 玉米常见害虫有________、________，病害有________、________。

3. 葡萄常见害虫有________、________、________，病害有________、________、________、________。

4. 小麦常见害虫有________、________，病害有________、________、________。

5. 综合防治包括________、________、________、________、________主要防治措施。

二、简答题

1. 综合防治的主要措施有哪些？

2. 化学防治的优缺点是什么？

3. 棉田发生的主要病虫害种类有哪些？

4. 小麦田常发生的病害有哪些？

5. 如何防治葡萄缺节瘿螨？

单元测试题答案

一、填空题

1. 棉铃虫　棉蚜　棉叶螨

2. 玉米螟　玉米叶螨　玉米瘤黑粉病　玉米丝黑穗病

3. 东方盔蚧　葡萄缺节瘿螨　葡萄二斑叶蝉　葡萄白粉病　葡萄霜霉病　葡萄白腐病　葡萄根癌病

4. 黑森瘿蚊　麦二叉蚜　白粉病　锈病　散黑穗病

5. 植物检疫　农业防治　生物防治　物理防治　化学防治

二、简答题

答案略。

第4单元

农药常识

❒ 第一节　农药基础知识 /136
❒ 第二节　农药的选择和购买 /145
❒ 第三节　农药的使用 /151
❒ 第四节　农药的保管和运输 /157
❒ 第五节　农药的安全科学使用 /160
❒ 第六节　农药中毒与急救 /168

第一节　农药基础知识

→ 了解和掌握我国尤其是新疆农药生产和使用的基本情况
→ 掌握农药的定义、种类、剂型、毒性等基础知识

一、农药的定义和概述

1．农药的定义

农药是指用于预防、消灭或者控制为害农业、林业的病、虫、草害等有害生物，以及有目的地调节植物、昆虫生长的化学药品，或者来源于生物、其他天然物质的一种物质或者几种物质的混合物及其制剂。

2．我国农药使用情况概述

农药是现代农业的重要生产资料。我国现有农药生产企业 2 200 多家，每年生产的农药原药 300 多种、农药制剂 800 多种，农药产量 100 多万吨，农药销售额超过 650 亿元，农药生产和使用量居世界第一。由于农药的使用，我国每年平均挽回粮食损失多于 2×10^{10} kg、蔬菜多于 1×10^{10} kg、果品多于 3×10^{9} kg、棉花十几亿千克，减少直接经济损失约 500 亿元，农药在社会主义新农村建设中发挥着重要作用。

二、农药的种类和分类

农药品种繁多，至今为止，在世界各国注册的已有 1 500 多种，其中常用的达 300 余种。为了研究和使用方便，常常从不同角度将农药进行分类。其分类方式较多，主要有以下 3 种：

1．根据农药用途分类

（1）杀虫剂。是用来防治有害昆虫的化学物质。在全世界农药销售额中居第二位，在我国居第一位。

（2）杀螨剂。是用来防治蜘蛛纲中有害种类的化学物质。

（3）杀菌剂。是用来防治植物病原微生物的化学物质。在全世界农药销售额中居第三位，在我国居第二位。

（4）除草剂。是用来防除农田杂草的化学物质。在全世界农药销售额中居第一位，在我国居第三位。

（5）植物生长调节剂。是用来促进或抑制农林作物生长发育的化学物质。

（6）杀线虫剂。是用来防治植物病原线虫的化学物质。

（7）杀鼠剂。是用来防治害鼠的化学物质。

2. 根据农药生产原料来源分类

（1）无机农药。大多数由矿物原料加工制成。这类农药品种较少，药效不高，目前仍在应用的只有波尔多液、石硫合剂、磷化锌、磷化铝等少数几种。

（2）植物性农药。是用植物产品制成的，如除虫菊、烟草和鱼藤等。这类农药对人畜安全，对植物无药害，多数不易使有害生物产生抗药性，但药效低，用药量大，喷药次数多，残效期短，故难以推广。

（3）微生物农药。是用微生物及其代谢产物制造而成的。这类农药一般药效较高，对农业有益生物无害或杀伤力不大，不污染环境，也不易使有害生物产生抗药性。这类农药是较有潜力的一种，也是今后农药发展的一个方向。

（4）有机化学合成农药。即人工合成的有机化合物，在许多国家已实现了大规模工业化生产，成为当今农药的主体。其特点是药效高、见效快、用量少，可适应各种不同的需要。但是，这类农药也有污染环境、易使有害生物产生抗药性、对人畜欠安全、有些品种残留量较高等缺点。

3. 根据农药的作用方式分类

（1）杀虫、杀螨剂

1）触杀剂。药剂接触害虫，通过昆虫的体壁及气门进入害虫体内，使之中毒死亡。其中有的单纯具有触杀作用，如柴油乳剂和松脂合剂。但是，多数具有触杀作用的有机合成农药都兼有胃毒作用，如赛丹、敌百虫、功夫菊酯、高效氯氰菊酯等。

2）胃毒剂。药剂通过昆虫取食而进入其消化系统，使之中毒死亡。这类农药对具有咀嚼和舐吸式口器的昆虫非常有效，其中有的单纯具胃毒作用，如砷酸钙等，而对具刺吸式口器的昆虫无效。但是，多数具胃毒作用的有机合成农药也都兼有触杀作用。

3）内吸剂。药剂通过植物的茎、叶、根和种子进入植物体内，并在植物体内传导扩散，使取食植物的害虫中毒死亡，如乐果、氧化乐果、甲拌磷、呋喃丹等。这类农药对刺吸式口器的昆虫及地下害虫等有效。

4）熏蒸剂。药剂能够化为有毒气体，通过呼吸系统进入昆虫体内，使之中毒死亡，如氯化苦、敌敌畏、磷化铝等。使用这类药剂要求有密闭的条件，防止有毒气体从仓库、温室、大棚等四壁或门窗的缝隙中逸出。在大田使用，要在无风条件下才能收到较好的效果。

5）拒食剂。药剂被害虫取食后，破坏害虫的正常生理功能，消除其食欲，最后使其死于饥饿，如杀虫醚和拒食胺等。这类药剂对多种具咀嚼式口器的害虫非常有效。

6）引诱剂。药剂以微量的气态分子，将害虫引诱于一处，利于对害虫实施集中消灭。这类药剂又分食物诱剂、性诱剂和产卵诱剂 3 种，其中研究最多的是性诱剂，如棉铃虫性诱剂、小菜蛾性诱剂等。

7）不育剂。药剂进入害虫体内后，可直接干扰或破坏害虫的生殖系统，使性细胞不能形成，或性细胞不能结合，或受精卵和胚胎不能正常发育。这类药剂又分雄性不育、雌性不育和两性不育 3 种，如绝育磷、六磷胺等。

8）昆虫生长调节剂。该药剂能阻碍害虫的正常生理功能，阻止其正常变态，使幼虫不能变蛹，或蛹不能变为成虫，最终形成没有生命力或不能繁殖的畸形个体，如灭幼脲等。这类药剂生物活性高、毒性低、无残留，具有明显的选择性，对人畜和其他有益生物安全，但杀虫作用缓慢，残效期也较短，如氟铃脲、美除（虱螨脲）等。

（2）杀菌剂

1）保护剂。在植物发病前，将药剂均匀覆盖在植物体表，消灭病菌或防止病菌入侵，保护植物免受病菌危害，预防病菌发生与传播。这类药剂必须在植物发病前施用，一旦病菌侵入植物体内再施用，则效果很差，甚至无效。目前使用的有石硫合剂、克菌丹、百菌清、敌克松、代森锌、代森铵、代森锰锌等。

2）治疗剂。植物发病后施用，这类药剂通过内吸作用进入植物体内，传导至未施药的部位，对植物体内的病菌产生毒性，抑制或杀灭病菌，因而具有保护剂达不到的治疗效果，如苯来特、多菌灵、托布津、三环唑和粉锈宁等。内吸治疗剂从 20 世纪 60 年代后期才开始出现，现已广泛应用，使植物病害的化学防治大为改观。

（3）除草剂

1）选择性除草剂。这类除草剂对不同植物有选择性，能杀死某些植物，而对另一些植物则安全无害。如高效盖草能可杀大多数禾本科杂草，但不杀双子叶作物。骠马可杀稗草、野燕麦等杂草，但对小麦无害。

2）灭生性除草剂。这类除草剂对植物缺乏选择性，或选择性小，能杀死绝大多数绿色植物，如克无踪（百草枯）和草甘膦等。

三、农药的剂型

未经过加工的农药一般称为原药。固体状态的原药称为原粉，液体状态的原药称为原油。除极少数农药原药如敌百虫、氯化苦、硫酸铜等不需加工，可直接使用外，绝大多数原药都要经过加工，加入适当的填充剂和辅助剂，制成含有一定有效成分、一定规格的制剂，才能使用。否则，就无法借助施药工具将少量原药分散在一定面积上，无法使原药的加工品充分发挥药效，也无法使一种原药增加使用方式和用途，以适应各种不同场合的需要。同时，通过加工，制成颗粒剂、微胶囊剂等，可使农药耐储藏不变质，并且可将高毒农药制成低毒制剂，使用安全。如 92% 的阿维菌素原药为高毒，加工成 1.8%、3% 的阿维菌素乳油制剂后，农药毒性改变为低毒，对人、畜、环境安全性大大提高。

农药制剂的名称一般包含：有效成分含量、农药品种名称和剂型名称。如40%乐果乳油、3%呋喃丹颗粒剂等。随着农药加工的发展，农药剂型也由简到繁。依据农药原药的理化性质，一种原药可加工成一种或多种制剂。目前我国生产和应用的剂型有100多种，常用的有如下几种：

1. 粉剂（DP）

粉剂是由原药和惰性粉按一定比例混合，经过机械粉碎、研磨、混匀而成。有时还加入少量的附着剂、物理改良剂和抗分解剂等助剂。在质量上，粉剂必须保证一定的颗粒细度，要求95%的粉粒能通过200号筛目，粉粒直径在30 μm以下。在储藏期间有效成分不分解失效，不结块变质。喷撒时有良好的流动性和分散性，有效成分和填充用的惰性粉不致分离。低浓度粉剂可直接用于田间喷撒，高浓度粉剂则需要通过填料稀释后才能施用，但可直接用于种子处理。

粉剂的优点是施药方法简易方便，既可用简单的药械撒布，也可混土用手撒施。施药前不需要进行其他处理，不需用水，因而不受水源困难的限制。用途广泛，可以喷粉防治地面上的病虫害，也可以撒施处理土壤，防治地下害虫，还可用于拌种，制成毒饵等。其缺点是喷粉时易于飘失，污染周围环境，不易附着于植物体表，用量多等。防治果树等高大作物的病虫害，一般不能获得良好的效果。

2. 可湿性粉剂（WP）

可湿性粉剂是由原药与惰性粉和少量湿润剂按一定比例混合，经过机械粉碎、研磨、混匀而成，是专供加水调制成悬浮液用的。在质量上可湿性粉剂必须具备一定的粉粒细度，要求99.5%的粉粒能通过200号筛目，粉粒直径在25 μm以下，被水润湿的时间要短，在水中的悬浮率要高。

可湿性粉剂的优点是喷洒的雾滴比较细，在植物体表上容易湿润展布，黏附力较强。施药时受风力的影响不大。防治效果比同一种农药的粉剂为高。残效期较长，便于储运。其缺点是要求湿润剂质量要好，粉粒细度要很小，否则悬浮性差，容易在喷雾器中沉淀，喷洒不匀，可造成局部性药害，还会堵塞喷头。

3. 可溶性粉剂（SP）

可溶性粉剂是在可湿性粉剂基础上发展起来的一种农药剂型，其农药原药必须溶于水或在水中溶解度较大，制剂中载体或填料也最好溶于水（允许有少许不溶于水但与水亲和性较好、细度较高的填料），在形态和加工上与可湿性粉剂类似。

4. 乳油（EC）

乳油是由原药、有机溶剂、助溶剂和乳化剂等按一定比例互溶而成。在质量上，乳剂要求pH值为6~8，稳定度在99.5%以上，在正常条件下储藏不分层，不沉淀。

乳油的优点是加工方法比较简单，有效成分含量一般很高，约在50%以上，有的甚至达80%左右。喷洒时极易在植物体表上湿润展布，而且黏附力强，不易被雨水冲刷。防治效果高，残效期长。使用方便，用途较广，可喷雾、泼浇、涂抹、灌心叶、拌种、浸种和处理土壤。缺点是要用有机溶剂和优良的乳化剂配制，成本较高。有机溶剂有促进农药渗入动、植物体内的作用，使用不慎，容易发生药害和人、畜中毒事故。

5．水剂（AS）

水剂是利用某些原药能溶解于水中的特性，直接用水配制而成。其优点是加工方便，成本较低，但不易在植物体表湿润展布，黏着性差，含有大量水，长期储藏，易分解失效。

6．水乳剂（EW）

水乳剂有时也称作浓乳剂，是不溶于水的农药原药液体或农药原药溶于有机溶剂所得的液体分散于水中形成的一种热力学不稳定分散体系。实际应用中为水包油型不透明乳状液，分散油珠粒径通常为0.7～20 μm，比较理想的是1.5～3.5 μm。

水乳剂是部分替代乳油中有机溶剂而发展起来的一种水基化农药剂型。与乳油相比，减少了制剂中有机溶剂用量，使用较少或接近乳油用量的表面活性剂，提高了生产与储运安全性，降低了使用毒性和环境污染风险，是目前我国大力提倡发展的农药剂型。

7．微乳剂（ME）

微乳剂是借助表面活性剂的增溶作用，将液体或固体农药均匀分散在水中形成的光学透明或半透明的分散体系，微观结构上是由表面活性剂界面膜所稳定的一种或两种液体的微细液滴（10～100 nm）构成，是热力学稳定体系。

微乳剂分散液滴的粒径比水乳剂小得多，可见光几乎可完全通过，所以看上去微乳剂外观几乎是透明的真溶液。农药微乳剂比水乳剂分散度高得多，可与水以任何比例混合，而且所配制的药液也近乎真溶液。这并不代表其药效会比乳油或水乳剂所配制的白色浓乳状药液差，反而由于有效成分在药液中高度分散，提高了施用后的渗透性，从而提高了药效。否则，如果微乳剂加水稀释配制的药液为白色乳浊液，说明这种微乳剂质量不合格。

8．颗粒剂（GR）

颗粒剂是用原药、辅助剂和载体制成的粒状制剂，可分为遇水能分散开的解体性颗粒剂和遇水不分散的非解体性颗粒剂两种。在质量上要求有一定的硬度，在储运过程中不易破碎。其优点是在施用过程中沉降性好，飘移性小，对环境污染轻，对作物和有益生物无害。可控制农药释放速度，残效期长，施用方便，省工省时。同时，能使高毒农药低毒化，对施药人员安全。因此，近十余年来，发展极为迅速。

9．悬浮剂（SC）

悬浮剂是原药与载体和分散剂混合，在水或油中经多次磨碎而成，微粒直径0.1～

1 μm，微粒四周包围着分散剂，可被水湿润，加水稀释后悬浮性好，可供喷雾用。

农药剂型除上述 9 种外，还有烟剂、糊剂、膏剂、片剂、油剂、熏蒸剂、缓释剂、微胶囊剂等，因不常用，故本文略而不述了。

四、农药的毒性

农药毒性是指杀虫剂、杀菌剂等各类药剂对人和脊椎动物的损害作用和危害程度，包括急性病变以及致畸、致癌、致突变和致敏作用等。

农药的毒性常以它引起某种受试动物死亡的剂量来表示。常用的衡量农药毒性大小的指标有致死中量（LD50，又称半数致死量）、致死中浓度（LC50，又称半数致死浓度）、最小致死量（MLD）、绝对致死量（LD100）、无作用剂量（NOEL）等。其中，最常用的表示农药急性毒性大小的指标是致死中量（LD50）和致死中浓度（LC50）。依据我国现行的农药产品毒性分级标准，农药毒性分为剧毒、高毒、中等毒、低毒、微毒 5 级（见表 4—1）。

表 4—1　我国农药产品毒性分级标准

毒性分级	大鼠 LD50/（mg/kg 或 mg/m^3）		
	经口	经皮	吸入
剧毒	≤5	≤20	≤20
高毒	5 ~ 50	20 ~ 200	20 ~ 200
中等毒	50 ~ 500	200 ~ 2 000	200 ~ 2 000
低毒	500 ~ 5 000	2 000 ~ 5 000	2 000 ~ 5 000
微毒	>5 000	>5 000	>5 000

从毒性分级还可以看出，对同一种农药来说，经口毒性高并不意味着经皮毒性一定高。毒性分级是以农药进入人体的三种不同途径分别划分的。

以上分别介绍了农药毒性的分级。农药的毒性作用除了取决于此种农药本身的毒性以外，与它的剂型、使用方法等也有关。例如，呋喃丹属于高毒农药，但使用 3% 的呋喃丹颗粒剂就大大降低了它的危害。又如，阿维菌素也属于高毒农药，但由其加工成的制剂原药含量低，所以其制剂经口、经皮毒性都属于低毒范畴。

一般说来，对人和动物毒性最高的农药类别是杀虫剂，因为它们产生急性口服毒性反应的能力强。有机磷类农药中的对硫磷、甲拌磷是剧毒的，LD50 值很低。作用方式与有机磷类相同的氨基甲酸酯类农药，毒性变化值很大，如涕灭威是剧毒的，但西维因和抗蚜威毒性相对低得多。有机氯类杀虫剂（如狄氏剂和滴滴涕）是非常稳定的化学物质，它们进入人体或环境中后能留于其中累积起来，使慢性毒性的危害增加（这也是它们被禁用的原因之一）。菊酯杀虫剂（如氰戊菊酯和二氯苯醚菊酯）对人或哺乳动物毒性低或有中等毒性，但对蜜蜂和鱼可能是高毒的。澳氰菊酯的 LD50 是150 mg/kg，是菊酯类农药中毒性最高的农药之一。除草剂的毒性比杀虫剂低得多，但有些除草剂如有机砷类（如地乐酚）和百草枯，如使用过程中不谨慎，也会产生毒害。除了汞、镉化合物外，杀菌剂对哺乳动物的毒性相当低。

五、农药的产品质量

1. 原药的质量标准

（1）纯度。纯度即原药中有效成分的含量，以百分率表示。纯度是原药质量的主要指标，有效成分含量百分率越高质量越好。原药的纯度一般能达到 90% 以上。纯度低的农药原药中杂质的含量高，原药中杂质过多有以下害处：

1）可能对作物产生药害。2000 年在吉林省梅河口市稻田使用苄嘧磺隆出现药害，造成稻苗死亡。苄嘧磺隆对稻苗的安全性较好，一般不会产生药害。据初步研究表明，产生药害的原因是苄嘧磺隆中的杂质 JP－003 和 JP－004 含量超标。

2）增加原药对人的毒性。例如，甲胺磷的纯品对大鼠的 LD50 为30 mg/kg 体重，而国内有的厂家生产的 50% 甲胺磷乳油对大鼠的 LD50 为13. 6 mg/kg，说明毒性增高，其原因为甲胺磷乳油中有 5 种杂质的含量较高，而且这 5 种杂质的毒性也比甲胺磷纯品的毒性高。

3）影响有效成分的真实含量。杂质中含有与有效成分相同的元素或原子团，使得测定结果产生偏差，不能反映原药及其制剂中有效成分的真实含量。

4）给加工粉剂带来困难。因为杂质的存在使原药的凝固点下降，不易粉碎。

5）降低有效成分的稳定性，而且随着农药的使用，杂质进入环境之中，造成污染。

所以要尽可能提高原药的纯度，减少杂质的含量。

（2）酸碱度。酸碱度既是原药的质量指标也是制剂的质量指标。酸碱度是指农药原药及其制剂中含游离酸或游离碱的数量，或其氢离子浓度。限制酸碱度的目的主要是降低储存过程中农药原药和制剂中有效成分的分解作用，防止制剂物理性能改变及其使用时产生药害。此外，还可以用做评估农药对包装材料腐蚀性的参考。我国对农药原药规定以酸度或碱度表示，对制剂大多规定以 pH 值表示。

（3）水分含量。水分含量既是原药又是制剂的质量指标。限制农药原药中水分含量的目的是降低有效成分的分解作用，保持化学稳定性。对粉剂、可湿性粉剂来讲限制水分含量可使制剂保持良好的分散状态，喷洒时能很好地分散到叶面上。我国对粉剂的水分含量要求不大于 1. 5% 。但是因加工粉剂所用填料种类不同，其吸水性能有差异，有的填料吸水性强，即使水分含量高些，也不影响粉剂的分散性能；有的填料吸水性能弱，即使水分含量不太高，也会影响粉剂的分散性，因此用控制水分含量以保证粉剂的分散性的办法是不可靠的，用粉剂的流动性指标控制粉剂的分散性比用水分含量控制的办法更有效。我国在粉剂类农药制剂的质量标准中没有流动性指标，而用限制水分含量控制其分散性。

2. 制剂的质量标准

（1）有效成分含量。有效成分含量是农药制剂中最重要的指标，以质量百分数g/kg或g/L表示。有效成分是指农药产品中具有生物活性的特定化学结构成分。联合国粮食及农业组织（FAO）对农药制剂的有效成分含量允许在标明含量上下一定范围内变化，例如50 g/kg（±10%）。我国的标准要求为应不低于标明含量，近年也有允许在标明含量上下一定范围内变化的趋势。

（2）粉粒细度。粉粒细度是粉剂类农药制剂（粉剂、可湿性粉剂、悬浮剂、干悬浮剂、粒剂）的质量指标之一，以能通过一定筛目的百分率表示。如日本、美国规定粉剂的细度为98%通过45 μm筛（325目筛）。我国目前对大多数粉剂只要求95%通过75 μm筛（200目筛）。粉剂的药效和细度有密切的关系，在一定范围内，药效与粒径成反比，触杀性杀虫剂的粉粒愈小，则每单位重量的药剂与虫体接触面愈大，触杀效果也就越好。在胃毒性农药中，药粒愈小，愈易为害虫吞食，食后亦较易被肠道吸收而发挥毒效。但药粒过细，有效成分挥发加快，药效期缩短，喷药时飘移严重，反而会降低药效，并对环境不利。因此，在确定粉剂的细度时，应根据原药特性、加工设备条件和施药机械水平，确定合适的粒径。

（3）容重。容重是粉剂的质量指标之一。容重即每单位容积内粉体的质量（用g/mL表示），又称表现比重。根据填充紧密程度的不同，容重又分为疏松容重和紧密容重两种。选择填料的容重要考虑以下两个因素：

1）固体原药和填料的疏松容重相近，以避免在施药过程中原药和填料的分离，造成单位面积上药剂不均匀。

2）从施用的药械和风速考虑填料的容重。当风速小于2.5 m/s时，要求粉粒的容重在0.46～0.60 g/mL范围之内，飞机喷粉则要求在0.66～0.80 g/mL之间。容重可用于监测粉剂的粉碎程度及含水情况，也可根据粉剂的容重来计算包装袋的大小以及粉剂加工厂的仓容。

（4）润湿性。润湿性是可湿性粉剂类农药制剂质量指标之一，以被测的可湿性粉剂从一定高度撒到水面至完全湿润的时间表示。我国制定的测定方法为将通过40目筛（约400 μm）的5 g样品，在距水面100 mm处，撒入盛有30℃标准硬水（342 mg/L，钙:镁=80:20）的烧杯中，记录从样品撒入至完全润湿的时间。很多不溶于水的原药都是不能被水润湿的，要想改变这种性质就要在加工时配加一定量的润湿剂。润湿剂可降低农药颗粒与水之间的界面张力，使药粉很快被水润湿、分散。对可湿性粉剂不但要求制剂本身具有被水润湿的性能，而且还应要求按使用时规定的稀释倍数用水稀释使其悬浮液喷到植物上后，能很好地润湿植物，并能展开。润湿性差的可湿性粉剂悬浮液喷到植物上后，不能很好润湿和扩展，药液很容易从叶片上滚落下去，降低了药效的发挥。因而在施用可湿性粉剂时，可加入一些表面活性剂，以提高其药效，这可能是因为增加了悬浮液的润湿性。

（5）悬浮率。悬浮率是可湿性粉剂、悬浮剂、水分散粒剂、微囊剂等农药剂型质量指标之一。将其用水稀释成悬浮液，在特定温度下静置一定时间后，以仍处于悬浮状态的有效成分的量占原样品中有效成分量的百分率表示。上述农药制剂兑水稀释变成悬浮液后，用喷雾器喷洒，要求农药有效成分的颗粒在悬浮液中能在较长时间内保持悬浮状态，而不沉在喷雾器的底部，这样喷出去的药液比较均匀，防效好；如果沉在底部，早喷出去的药液浓度就会降低，植物上的药量少，防效会降低；而晚喷出去的药液浓度过高有可能对植物造成药害，所以悬浮液悬浮率的高低是制剂药效能否发挥作用的重要因素。我国对农药制剂稀释液的悬浮率要求在50%～70%之间，少数产品要求80%。

（6）乳液稳定性。乳液稳定性是乳油类农药制剂质量指标之一，用以衡量乳油加水稀释后形成的乳液中，农药液珠在水中分散状态的均匀性和稳定性。乳油类农药制剂需用水稀释成乳液后喷施。农业上使用的乳液绝大多数为水包油（O/W）型，要求液珠能在水中较长时间均匀分布，油水不分离，使乳液中有效成分浓度保持均匀一致，充分发挥药效，避免产生药害。稳定性的优劣与配制乳油时选用的乳化剂的品种和加入量有关。FAO对乳液稳定性的检测方法为：经热储稳定性处理后的样品，用标准硬水稀释20倍，摇匀后立即观察，应完全乳化，停放0.5 h后分离出的乳膏容积一般不大于2.1 m，停放2 h后分离出的乳膏及浮油容积一般不大于4.1 m。停放24 h后重新摇匀，分离物应能再乳化。我国制定的乳液稳定性测定标准为：乳油经用342 mg/L标准硬水稀释一定倍数（200、500、1 000倍），搅匀后放入100 mL量筒中，在25～30℃静置1 h观察，应没有浮油、沉油或沉淀析出。稀释倍数过高的如1 000倍，即使乳液不够稳定，有少量浮油或乳膏分离出来，也不易观察到，这种观测方法是不合理的。用标准硬水的稀释倍数应该统一规定为200倍。

（7）成烟率。成烟率是农药烟剂的质量指标之一。以烟剂燃烧时农药有效成分在烟雾中的含量与燃烧前烟剂中农药有效成分含量的百分比表示。烟剂在燃烧发烟过程中，其有效成分受热力作用，只有挥发或升华成烟的部分才有防治效果，其余受热分解或残留在渣中。烟剂有效成分成烟率要求大于80%，蚊香有效成分成烟率要求大于60%。不同农药在同一温度下，或同一农药在不同温度下，其成烟率是不同的，而温度则取决于农药配方。应选择成烟率高的农药配方加工成烟剂。

第二节 农药的选择和购买

→ 能够通过农药标签、外包装辨别农药真伪，正确选购农药

一、农药的选择

1. 根据农药特性和用途选择农药

目前农药市场的产品种类很多，它们都有各自的作用范围和作用机理，适合于在不同的对象上使用，达到防治有害生物和调节作物生长的目的。为了便于使用和充分发挥农药的生物活性，它们被加工成不同的剂型，以适应在不同的条件及场合下使用。了解农药的基本种类和基本剂型的特性，是掌握农药使用技术的基础。农药的特性及剂型前文已作叙述。

2. 依据国家有关法规和要求选择农药

农药使用不当会带来严重的负面影响，给农业生产和社会造成危害，为此，国际上都非常重视对农药使用的管理工作。我国农药管理和使用的相关部门也制定了一系列的法规来规范农药的使用，在选择农药品种时，必须遵守这些法规。目前我国主要的农药法规有下列3种：

（1）《农药安全使用规定》。《农药安全使用规定》于1982年由农牧渔业部和卫生部颁布，虽然时隔20多年，但至今仍然具有重要的指导意义。在购买和使用农药时，要了解该规定的要求，避免在相应的作物和范围内使用不符合要求的农药品种。《农药安全使用规定》要求，所有使用的农药，凡已制订“农药安全使用标准”（即合理使用准则）的，均按标准的要求执行；尚未制定出标准的，则按《农药安全使用规定》执行。

《农药安全使用规定》对农药的选择和使用作出如下规定：

高毒农药：不准用于蔬菜、茶叶、果树、中药材等作物，不准用于防治卫生害虫与人、畜皮肤病。除杀鼠剂外，也不准用于毒鼠。“3911”乳油只准用于拌种，严禁喷雾使用。呋喃丹颗粒剂只准用于拌种，用工具沟施或戴手套撒毒土，不准浸水后喷雾。

高残留农药：六六六、滴滴涕、氯丹不准在果树、蔬菜、茶树、中药材、烟草、咖啡、胡椒、香茅等作物上使用。氯丹只准用于拌种，防治地下害虫。

（2）《农药合理使用准则》。《农药合理使用准则》是由农业部负责制定，国家颁布的农药使用标准。它对每一种作物上使用的农药的使用量、使用次数、安全间隔期等作了明确的规定，按照《农药合理使用准则》使用农药，可以保证收获后的农产品中农药的残留量不超标。在选择使用农药时，最好根据《农药合理使用准则》中的名单来决定何种作物选用何种农药。然而，尽管我国已经制定了 7 批农药合理使用准则，但由于作物品种和农药产品众多，制定的《农药合理使用准则》仍远不能适应生产的需要。

《农药合理使用准则》可详见中国农业信息网：http：//www. agri. gov. cn/。

（3）《农药登记公告》。《农药登记公告》是由农业部农药检定所发布的获得农药登记的所有农药产品的一个文告。每一种农药的生产厂家、商品名称、毒性、许可的范围和时间、许可使用的作物、使用剂量、使用时间和使用注意事项都在《农药登记公告》中列出。基本上涵盖了农药标签的主要内容，是选择使用农药时的重要参考资料。

二、农药的购买

1. 农药标签的识别

农药的标签是农药使用的说明书，是购买和使用农药的最重要参考。在我国，农药的标签必须在农药登记时予以审查备案，农药标签一经批准，不得擅自修改。通过对标签的阅读，可以了解农药的合法性和农药的使用方法、注意事项等。

典型的农药标签样式见图 4—1。

商标区

农药登记证号：
生产许可证号（或生产批准文件号）：
产品标准号：

产品名称
（含量、剂型）

	有效成分通用名称	英文通用名称	含量
成分1			
成分2			
成分3			

毒性标志

净含量：　g（mL）

企业名称：
地址：　电话：　传真：
颜色标志带

产品说明：

作物	防治对象	用药量，有效成分	亩用制剂量（稀释倍数）	施用方法

使用范围和施用方法：

安全间隔期：
注意事项（分条列出）：
1.
2.
3.
中毒急救（分条列出）：
1.
2.
3.
储存运输（分条列出）：
1.
2.
3.
生产日期：　保质期：

象形图

图 4—1　农药标签样式

阅读标签时应注意以下事项：

（1）产品的名称、含量及剂型

1）2008 年 7 月 1 日起，标签上的农药产品名称只能使用通用名 + 商标，农药产品的所有商品名将取消。

2）农药产品名称应以醒目大字表示，并位于整个标签的显著位置。

3）在标签的醒目位置应标注产品中含有的各有效成分的中文通用名称全称及含量、相应的国际通用名称等。

4）农药产品的有效成分含量通常采用质量分数（%）表示，也可采用质量浓度（mg/kg，mg/L）表示。特殊农药可用其特定的通用单位表示。

（2）产品的批准证（号）。标签上应注明该产品在我国取得的农药登记证号（或临时登记证号）、有效的农药生产许可证号或农药生产批准文件号，以及产品标准号（国外进口的零售包装产品没有生产许可证号）。

（3）使用范围、剂量和使用方法

1）标签上应按照登记批准的内容标注产品的使用范围、剂量和施用方法。包括适用作物、防治对象、使用时期、使用剂量和施药方法等。

2）用于大田作物时，使用剂量采用每公顷（hm^2）使用该产品总有效成分质量克（g）表示，或采用每公顷使用该产品的制剂量克（g）或毫升（mL）表示；用于树木等作物时，使用剂量可采用总有效成分量或制剂量的浓度值（mg/kg、mg/L）表示；种子处理剂的使用剂量采用农药与种子质量比表示。其他特殊使用的，使用剂量应以农药登记批准的内容为准。为使用户使用方便，在规定的使用剂量后，一般用括号注明亩用制剂量或稀释倍数。

3）净含量。在标签的显著位置应注明产品在每个农药容器中的净含量，用国家法定计量单位克（g）、千克（kg）、吨（t）或毫升（mL）、升（L）、千升（kL）表示。

（4）产品质量保证期。农药产品质量保证期一般用以下 3 种形式中的 1 种方式标明：

1）生产日期（或批号）和保质期。如生产日期（批号）“2007－06－18”，表示 2007 年 6 月 18 日生产，并注明“保质期：×年”。

2）产品批号和有效日期。

3）产品批号和失效日期。

分装产品的标签上应分别注明产品的生产日期和分装日期，其质量保证期执行生产企业规定的质量保证期。

（5）毒性标志。应在显著位置标明农药产品的毒性等级及其标志。农药毒性标志的标注应符合国家农药毒性分级标志的有关规定。

（6）注意事项

1）应标明该农药与哪些物质不能相混使用。

2）按照登记批准内容，应注明该农药限用的条件（包括时间、天气、温度、湿

单元 4

度、光照、土壤、地下水位等）、作物和地区（或范围）。

3）应注明该农药已制定国家标准的安全间隔期、一季作物最多使用的次数等。

4）应注明使用该农药时需穿戴的防护用品、应注意的安全预防措施及应避免的事项等；

5）应注明施药器械的清洗方法、残剩药剂的处理方法等。

6）应注明该农药的中毒急救措施，必要时应注明对医生的建议等。

7）应注明国家规定的该农药禁止使用的作物或范围等。

（7）储存和运输方法

1）标签上应注明农药储存条件的环境要求和注意事项等。

2）注明该农药安全运输、装卸的特殊要求和危险标志。

（8）生产者的名称和地址

1）标签上应有生产企业的名称、详细地址、邮政编码、传真、联系电话等，如是分装农药还应有分装企业的名称、详细地址、邮政编码、传真、联系电话等。

2）进口产品应用中文注明其原产国名（或地区名）、生产者名称以及在我国的代理机构（或经销者）名称和详细地址、邮政编码、传真、联系电话等。

（9）农药类别特征颜色标志带。标签底部应有 1 条与底边平行的、不褪色的农药类别特征颜色标志带，以表示不同类别的农药（卫生用农药除外）。其中，除草剂为绿色，杀虫（螨、软体动物）剂为红色，杀菌（线虫）剂为黑色，植物生长调节剂为深黄色，杀鼠剂为蓝色。

（10）象形图。标签底部应有用黑白两种颜色印刷的象形图，象形图的种类及寓意如图 4—2 所示。

图 4—2　象形图的种类及寓意

（11）其他内容。标签上可以标注必要的其他内容。如对消费者有帮助的产品说明、有效期内商标、质量认证标志、名优标志、有关作物和防治对象图案等。但标签上不得出现未经登记批准的作物、防治对象的文字或图案等内容。

（12）标签的其他注意事项

1）规范的农药标签应粘贴于包装容器上。有些将标签的内容直接印刷于包装容器上也是可以的。如果包装容器过小，标签不能说明全部内容的，应有随外包装附上的与标签内容要求相同的说明书，但此时标签上至少应有产品的名称、含量、剂型、净含量、生产企业等内容。

2）标签的材料应结实耐用，不易变质。

3）标签上的文字、符号、图形清晰，易于辨认和阅读。在流通中，标签不脱落，其内容不会变得模糊。

4）标签的重要内容，如产品名称、含量、剂型、有效成分中文及英文通用名称、防治对象、使用方法、毒性标志等应置于显著位置。

5）标签的文字为规范的中文简体汉字，少数民族地区可以同时使用少数民族文字。

6）分装产品的标签设计内容应与其生产企业的标签一致，仅在原标签基础上加注有关证号、分装日期、净含量以及分装企业的名称、详细地址、邮政编码、传真、联系电话等。

7）一种标签只适用一种农药产品；一种包装规格的产品，应只有一种标签；不同包装规格的同一种产品，其标签的设计和内容应基本一致。

2．假劣农药的识别

（1）常见假冒伪劣农药的主要特征

1）有效成分含量不足，降低含量，以少充多。

2）有效成分质量差，如含有某些杂质，不但会影响药效，有时还会造成药害。

3）根本没有标签上所规定的有效成分。

4）农药中实际含有的有效成分并不是标签上所注明的成分，即用价格便宜的农药冒充价格昂贵的农药。

5）农药过期失效。

6）制剂加工水平低，没有达到标签上所注明的剂型要求。

（2）假劣农药的识别方法。假劣农药的危害是十分严重的，它往往使用药者浪费了资金、人力，更导致防治效果不好，农作物的病虫害得不到有效控制，严重时则导致作物药害，对生产造成严重破坏。因此，避免购进假劣农药，是保证农业生产顺利进行的前提之一。假劣农药的辨识可从以下几个方面进行：

1）外观。看包装标签和内容物。劣质农药一般表现在以下两方面：

①外包装。印刷质量不良或粘贴不好。包装物污渍严重。

②内容物。乳油、超低量乳油和水剂、水溶性剂、微乳剂等混浊不清，有分层和沉淀的杂质；水乳剂、悬浮剂等严重分层，轻摇后倒置，底部仍有大量的沉淀物或结块；粉剂和可湿性粉剂结块严重，手摸有硬块；片状熏蒸剂粉末化；烟剂受潮严重等。

2）标签。仔细阅读标签，对照标签的11项基本内容要求，检查各项内容是否全面；查阅《农药登记公告》，看标签上的登记证号与公告里的是否相同，厂家是否为同一个厂家，登记的使用作物和使用剂量是否和标签所标明的一样；仔细观察农药的生产厂家和地址，对照电话区号本，确认联系电话的区号是厂家地址的区号，按照标签所标明的电话打电话核实。

3）试验。将少量农药取出，用量筒等玻璃器皿进行稀释试验，观察试验的结果：如果乳油出现浮油分层等，则认为乳化结果不良；如果水剂、可溶液剂、微乳剂等短时间内不能完全溶于水，则表明剂型不合格；如果可湿性粉剂、水分散粒剂、干悬浮剂、悬浮剂等出现过快沉淀，则证明悬浮剂的悬浮率过低，产品不合格；气雾罐揿下时喷雾力小，证明气压不足；烟剂点燃后很快熄灭，证明发烟效果不良等。

4）化验。根据农药检验的有关要求，对农药的有效成分进行化验。

3. 购买农药的技巧

（1）根据作物的病虫草害发生情况，确定和购买农药，对于自己不认识的病虫草，最好先向农技人员咨询或携带样本到农药零售店。

（2）仔细阅读标签，对照标签的11项基本要求进行辨别，最好查阅《农药登记公告》进行对照。

（3）选择可靠的销售商，一般生资系统、植保和技术推广系统以及厂家直销门市部的产品比较可靠，鼠药和高毒农药的销售，在部分地区需要有专销许可证。

（4）选择熟悉的农药生产厂家的产品，新产品应该在当地通过试验证明可行的。

（5）对于大多数病虫草害，不要总是购买含同一种有效成分的药剂，应该轮换购买不同的产品。

（6）要求农药销售者提供农药的处方单，购买农药时应索要发票，使用时或使用后如发现为假劣农药，应该保留包装物；出现药害，应该保留现场或拍下照片，并及时向农业行政主管部门或具有法律、行政法规规定的有关执法部门反映，以便及时查处。

第三节　农药的使用

- 了解农药的使用方法和原则
- 掌握手动喷雾机、手动喷粉机、背负式机动喷雾喷粉机的使用及机械保养技术
- 掌握药械的清洗方法

一、农药的使用方法

农药施用方法正确与否，对防治效果影响极大。必须根据防治对象的生活习性、发生发展规律以及农药制剂的性质，正确运用施药方法，才能获得满意的防治效果。常用的施药方法有以下几种：

1. 喷雾

喷雾是把乳油、可湿性粉剂、水剂、乳粉、胶悬剂等可供液态使用的农药制剂，加水稀释后，用喷雾器喷洒，使药液形成微小的雾点，覆盖在作物、害虫、病菌、杂草上，形成药膜。喷洒时，要求药液分散均匀、周到，并使药液在植物体表上有足够的沉积。采用这一方法用药少，药液的展布性和均匀性都比较好，药效也比较持久。但是，需要喷雾器、水源和良好的水质。

2. 喷粉

喷粉是用喷粉器将粉剂喷到防治对象上，要求喷撒均匀周到，使作物体表能覆盖一层细粉。采用这一方法工效较高，不需要用水。

3. 泼浇

泼浇是把定量的可湿性粉剂或水剂，加大量的水稀释，搅拌均匀，用粪勺向植物均匀泼浇，或用水唧筒进行喷雨。泼浇的方法主要用于稻田病虫草害的防治，已广泛用于多种药剂。这一方法比喷雾工效高，劳动强度小，还可以解决农作物封行后下田喷雾治虫的困难。但是，用水量比喷雾多2~3倍，不适用于多数旱地农作物病虫草害的防治。

4. 撒施

撒施主要用于毒土。先将农药按照需要的用量与细土（或细砂）充分拌和，制成毒土或毒砂，然后均匀撒到田地上或作物上。采用这一方法工效很高，不需要施毒器械，受风的影响小。特别是害虫在植株下面活动，在密闭的情况下，喷施药剂不易到达植株下部，这时撒施的效果比喷施为好。但是，不易撒布均匀，撒施毒性较高的农药必须注意安全，对剧毒农药，不能做成毒土撒施。新疆常用的呋喃丹毒砂玉米喇叭口期灌芯防治玉米螟就是运用的撒施技术。

5. 拌种和浸种

拌种是将粉剂按一定比例与种子混合，放在拌种器内搅拌均匀，使每粒种子表面都覆上一薄层药粉。也可用药剂的稀释液喷洒在摊开的种子上，用木锨拌和均匀，使每粒种子表面覆上一层药膜。种子拌药后，堆闷一定时间，然后播种。浸种是用一定浓度的药液浸泡种子，经过一定时间，使种子吸收和黏附药液，然后捞出，晾干播种。拌种和浸种方法用药量少，操作简便，可节省劳力，是防治种传病害和地下害虫的有效方法之一，也适用于具内吸传导作用的杀虫剂，防治蚜虫和蓟马等刺吸式口器的害虫。

6. 涂抹

涂抹是把一定浓度的药液涂抹在农作物的嫩茎上或划破和刮去树皮的树干上。一般多用这种方法施用内吸杀虫剂来防治害虫，也可施用具有一定渗透力的杀菌剂来防治果树病害。

7. 土壤处理

将粉剂、液剂、毒土或颗粒剂在播种前或播种后喷撒（洒）在土壤表面，然后耕耙入土，或开沟施入土内再覆土，也可用药液浇灌植物根部。这种方法一般用于防治地下害虫、线虫、土传病害。也可用于内吸剂施药，由植物根部吸收，传导到作物的地上部分，防治地面上的害虫和病菌。

8. 毒饵

毒饵是利用粮食、麦麸、米糠、豆渣、饼肥、绿肥、鲜草等害虫害鼠喜吃的饵料，与药剂按一定比例拌和制成。所使用的药剂为具有强烈胃毒作用的杀虫剂和杀鼠剂。主要采用这一方法防治地下和地面活动的害虫和害鼠，保护种子和幼苗。常在傍晚将配好的毒饵撒施在植物根部附近，或害虫害鼠活动的土面。施药的当晚，药效最高。毒饵中水分蒸发后，药效降低，因此，药效持久性不长，一般药效只能维持2~3天。

二、手动喷雾器的使用

手动喷雾器是用手动方式产生压力来喷洒药液的施药机具，具有使用操作方便、适应性广等特点。可用于水田、旱地及丘陵山区，防治水稻、小麦、棉花、蔬菜和果树等作物的病、虫、草害，也可用于防治仓储害虫和卫生防疫。通过改变喷片孔径大小，手动喷雾器既可作常量喷雾，也可作低容量喷雾。目前，我国生产的手动喷雾器主要有背负式喷雾器（见图4—3）、压缩喷雾器、单管喷雾器、吹雾器和踏板式喷雾器。

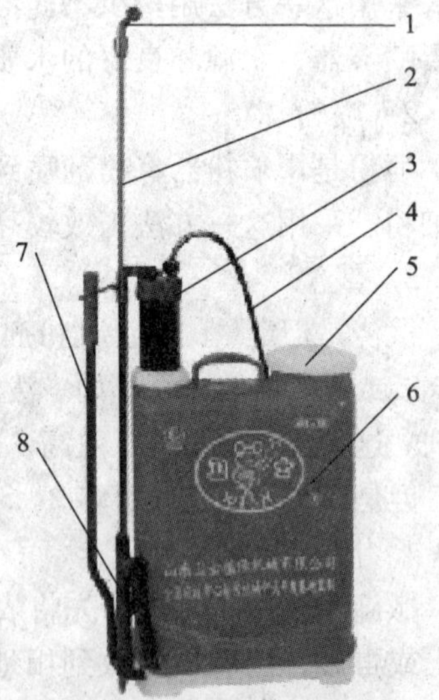

图4—3 手动喷雾器

1—喷头 2—喷管 3—泵筒 4—导液管 5—药箱盖 6—药箱 7—摇杆 8—开关

（1）施药前的准备

测试气象条件。进行低量喷雾时，风速应在 1 ~ 2 m/s；进行常量喷雾时，风速应小于 3 m/s；当风速大于等于 4 m/s 时，不可进行农药喷洒作业。

降雨和气温超过 32℃时也不允许喷洒农药。

（2）机具的调整

1）背负式喷雾器装药前，应在喷雾器皮碗及摇杆转轴处（气室内置的喷雾器应在滑套及活塞处）涂上适量的润滑油。

2）压缩喷雾器使用前，应检查并保证安全阀的阀芯运动灵活，排气孔畅通。

3）根据操作者身材，调节好背带长度。

4）药箱内装上适量清水并以每分钟 10 ~ 25 次的频率摇动摇杆，检查各密封处有无渗漏。

5）根据不同的作业要求，选择合适的喷射部件。喷除草剂、植物生长调节剂用扇形雾喷头；喷杀虫剂、杀菌剂用空心圆锥雾喷头。单喷头适用于作物生长前期或中、后期进行各种定向针对性喷雾、飘移性喷雾。双喷头适用于作物中、后期株顶定向喷雾。小横杆式三喷头、四喷头适用于蔬菜、花卉及水、旱田株顶定向喷雾。

（3）施药中的技术要求

1）作业前先配制好农药。向药液桶内加注药液前，一定要将开关关闭，以免药液喷出，加注药液要用滤网过滤。药液不要超过桶壁上的水位线。加注药液后，必须盖紧筒盖以免作业时漏药液。

2）背负式喷雾器作业时，应先压动摇杆数次，使气室内的气压达到工作压力后再打开开关，边走边打气边喷雾。如压动摇杆感到沉重，就不能过分用力，以免气室爆炸。对于工农－16 型喷雾器，一般走 2 ~ 3 步摇杆上下压动 1 次；每分钟压动摇杆 18 ~ 25 次即可。

3）作业时，空气室中的药液超过安全水位时，应立即停止压动摇杆，以免气室爆裂。

4）压缩喷雾器作业时，加药液不能超过规定的水位线，保证有足够的空间储存压缩空气，以便使喷雾压力稳定、均匀。

5）没有安全阀的压缩喷雾器，一定要按产品使用说明书上规定的打气次数打气（一般 30 ~ 40 次），禁止加长杠杆打气和两人合力打气，以免药液筒超压爆裂。压缩喷雾器使用过程中，药箱内压力会不断下降，当喷头雾化质量下降时，要暂停喷雾，重新打气充压，以保证良好的雾化质量。

6）针对不同的作物、病虫草害和农药选用正确的施药方法

①土壤处理喷洒除草剂要求易于飘失的小雾滴少，以避免除草剂雾滴飘移引起作物药害；药剂在田间沉积分布均匀，以保证防治效果，避免局部地区药量过大造成的除草

剂药害。因此，应采用扇形雾喷头，操作时喷头离地高度、行走速度和路线应保持一致；也可用安装二喷头、三喷头的小喷杆喷雾。

②当用手动喷雾器喷雾防治作物病虫害时，最好选用小孔径喷片，这是因为小孔径喷片喷头产生的农药雾滴较大喷片的雾滴细密，防治效果好。切不可用钉子人为把喷头冲大。

③使用手动喷雾器喷洒触杀性杀虫剂防治栖息在作物叶背的害虫（如棉花苗蚜），应把喷头朝上，采用叶背定向喷雾法喷雾。

④使用喷雾器喷洒保护性杀菌剂，应在植物未被病原菌侵染前或侵染初期施药，要求雾滴在植物靶标上沉积分布均匀，并有一定的雾滴覆盖密度。

⑤使用手动喷雾器行间喷洒除草剂时，一定要配置喷头防护罩，防止雾滴飘移造成的邻近作物药害；喷洒时喷头高度保持一致，力求药剂沉积分布均匀，不得重喷和漏喷。

⑥几架药械同时喷洒时，应采用梯形前进，下风侧的人先喷，以免其他人身体接触药液。

（4）背负式喷雾器常见故障的排除（见表4—2）

表4—2　背负式喷雾器常见故障的排除

故障现象	故障原因	排除方法
手压摇杆（手柄）感到不费力，喷雾压力不足，雾化不良	1. 进水阀被污物搁起 2. 牛皮碗干缩硬化或损坏 3. 连接部位未装密封圈或密封圈损坏 4. WS－16 型吸水管脱落 5. WS－16 型密封球失落	1. 拆下进水阀，清洗 2. 将牛皮碗放在动物油或机油里浸软或更换新品 3. 加装或更换密封圈 4. 拧开胶管螺母，装好吸水管 5. 装好密封球
手压摇杆（手柄）时用力正常，但不能喷雾	1. 喷头堵塞 2. 套管或喷头滤网堵塞	1. 拆开喷头清洗，注意不能用铁丝等硬物捅喷孔，以免扩大喷孔，使喷雾质量变差 2. 拆开套管或喷头滤网清洗
泵盖处漏水	1. 药液加得过满，超过泵筒上的回水孔 2. 皮碗损坏	1. 倒出些药液，使液面低于水位线 2. 更换新皮碗
各连接处漏水	1. 连接处未旋紧 2. 密封圈损坏或未垫好 3. 直通开关芯表面油脂涂料少	1. 旋紧螺纹 2. 更换或垫好密封圈 3. 在开关芯上薄薄地涂上一层油脂
直通开关拧不动	开关芯被农药腐蚀而粘住	拆下开关芯在煤油或柴油中清洗；如拆不开，可将开关放在煤油中浸泡一些时间再拆

三、手动喷粉器的使用

手动喷粉器是一种由人力驱动风机产生气流来喷撒粉剂的植保机具。它具有结构简单、操作方便、功效高等优点。但由于粉尘飘扬，污染环境，所以它只能在某些特定环境条件下使用才能既保证防效，又不至于对大气造成明显污染。如在保护地和温室大棚等特定的封闭空间里使用；在某些大田农作物，特别是双子叶作物如棉花的生长中、后期，田间枝叶交叉，叶片大而呈平展状态，全田已经封垄，株冠下层是较为郁闭的空间时使用。

1. 施药前的准备

（1）施药的气象条件。保护地喷撒应在早晚尚未揭棚和傍晚刚刚闭棚时进行。为提高粉粒的附着率，晴天的中午应避免喷撒，阴雨天则可全天喷撒。

在野外对棉花、水稻、小麦及大豆等作物进行喷粉，也应避免在晴天的中午喷撒，气温在5～30℃或阴天可全天喷撒。风速大于2 m/s及小雨以上的风雨天气不得喷撒。

（2）喷粉量的计算和调整

1）测试区的划定。在需要喷药的田块划出测试区，其长度精确到0.1 m，测试区的长度根据前进速度、喷幅及喷粉量来确定，应保证无论使用何种测试方法都能精确地计量时间（不少于15 s）和喷粉量（不少于药液箱容量的10%）。使喷撒面积是667 m^2的整倍数有助于计算。

2）喷粉量误差率的计算。喷粉量误差率按下式计算：

$$\text{喷粉量误差率}(\%)=\frac{\text{实际喷粉量}-\text{预定喷粉量}}{\text{预定喷粉量}}\times 100\%$$

3）喷粉量的调整。计算的喷粉量误差率应不大于±10%，如误差率大于±10%，在作业时则应将喷粉器的喷粉量开关适当调整，并可调整作业速度或手柄摇转速度来满足规定的施药量。

（3）机具的调整

1）装粉前喷粉器各部位应干燥。

2）装粉前先关闭出粉开关。

3）按农艺要求的喷粉量调节好出粉开关位置（一般200 g/min左右）。

4）根据喷撒对象和栽培技术确定喷撒头种类。

2. 施药中的技术要求

（1）喷粉量的确定应遵循药粉标签或使用说明书的规定。

（2）操作前先根据操作者身材调节好背带长度，操作时应先摇动手柄再打开粉门开关。

（3）操作时手柄摇转的速度应确保喷口风速不小于10 m/s（丰收-5型、LY-4型不低于 35 r/min，丰收-10 型不低于 50 r/min）。

（4）保护地喷撒粉剂的关键是采用对空喷撒法，利用粉剂的飘翔效应使其在靶标的不同部位均匀沉积。作业时切不可直接对着作物喷撒。对于不同的大棚温室，可采用不同的喷撒方法。

日光温室和加温温室，宽度一般在 6～7 m，其间有一过道，操作者应背向北墙，从里端开始向南对空喷撒，一边喷一边向门口移动，一直退到门口，把门关上。

塑料大棚宽度一般为 10～15 m，中间有一过道，操作时操作者从棚室里端开始喷粉，喷粉管左右匀速摆动对空喷粉，同时沿过道以 10～12 m/min 的速度向后退行，一直退至出口处，把门关上即可。此时，如预定的粉剂尚未喷完，可将大棚一侧的棚布揭开一条缝，从开口处将余粉喷入。如余粉过多，可分别从不同部位喷入。

对小型弓棚可采用棚外喷粉法，此类棚宽 2～5 m，棚高只有 1 m 左右，棚内喷粉比较困难。操作者可在棚外每隔一定距离揭开一个小口向棚内喷粉，喷后将棚布拉上。

喷粉以后需经 2 h 以上才能揭棚，如果傍晚喷撒可到第二天早晨再揭棚。

（5）在野外喷撒时应首先根据风向和作物栽培方式确定喷粉行走方向和路线。行走方向一般应与风向垂直或顺风前进。如果需要逆风前进，要把喷粉管移到人体后面或侧面喷撒，以免中毒。以正常步速（60 步/min）行走，一边行走，一边每 2 步（或每一步）摇转一次喷粉器操作手柄进行喷撒。

（6）对棉花等双子叶作物的生长中、后期喷粉时，宜采取株冠下层喷粉法。为避免喷粉时对棉株、棉铃造成机械损伤，应用立摇式手动喷粉器进行喷粉作业。喷粉头放在株冠层下面，操作者边摇动手柄边匀速退行，利用株冠层良好的郁闭控制粉尘飘扬。

（7）喷撒中如药粉从喷头成堆落下或从筒身及出粉口开关处冒出，表明出粉开关开度过大，药粉进入风机过多，应立即关闭出粉开关，适当加快摇转手柄，让风机内的积粉喷出，然后再重新调整出粉开关的开度。

（8）早晨露水未干时喷粉，应注意不让喷粉头沾着露水，以免阻碍出粉。

（9）作业时注意两个工作幅宽之间不能留有间隙。

（10）中途停止喷粉时，要先关闭出粉开关，再摇几下手柄，把风机内的药粉全部喷干净。

（11）喷粉时，如有不正常的碰击声，手柄摇不动或特别沉重时，应立即停止摇转手柄，经检查修复后才能继续使用。

3. 机具保养

（1）机具使用完后，应将剩余药粉全部倒出，清理干净，并空摇几转清除风机内的残粉，以免在喷粉器内受潮结块，堵塞通路，腐蚀机体。

（2）机具长时间不用，应由上至下给风机主轴加上适量的机油。

四、药械的清洗

1. 农药残液的处理

喷雾器中未喷完的残液，用专用药瓶存放，安全带回。配药用的空药瓶、空药袋应集中收集，妥善处理，不得随意丢弃。此类废弃农药包装最好交给原生产厂家集中处置，但在尚未建立这种农药回收制度的情况下，可以采取挖坑深埋的办法来处置。挖坑地点应在离生活区远，而且地下水位低、降雨量少或能避雨、远离各种水源的荒僻地带。

2. 器械清洗

（1）每次施药后，机具应在田间全面清洗。

（2）如下一个班次更换药剂或作物，应注意两种药剂是否会产生化学反应而影响药效或对另一种作物产生药害，此时可用浓碱水反复清洗机具多次，也可用大量清水冲洗后，再用0.2%苏打水或0.1%活性炭悬浮液浸泡，最后用清水冲洗。

（3）清洗机具的污水，应在田间选择安全地点妥善处理，不得带回生活区，不准随地泼洒，防止污染环境。

（4）带有自动加水装置的喷雾器，其加水管路应置于水源处，不得随机运行，并不准在生活用水源中吸水。

（5）每年防治季节过后，应将重点部件用热洗涤剂或弱碱水清洗，再用清水清洗干净，晾干后存放。某些施药器械有特殊的维护保养要求，应严格按要求执行。

第四节 农药的保管和运输

→ 掌握正确存放和运输农药的方法

一、影响农药保管的主要因素

农药是一种化学物质，受外界光、热、湿度等自然因素的影响，会使原有的性能发生变化，甚至变质失效。引起在储存、运输中农药质量变化的因素很多，主要有：

1. 温度

温度越高对农药质量影响越大。另外，气温低于零度以下对农药质量也有影响，特别是液体农药，容易发生结晶或沉淀，降低乳化力，降低药效。

2．湿度

空气中湿度太大会引起农药质量发生变化，影响药效。特别是粉剂或可湿性粉剂农药吸收了空气中的水分后，容易使粉粒结团或结块，降低粉剂流动性或可湿性粉剂的悬乳率等，从而降低防治效果。

3．光照

光照也是一个造成农药变质减效很重要的因素，它能促使农药中有效成分发生光化反应，分解有效成分。

4．原材料质量

原材料质量高，生产出的农药有效成分含量也高；原材料质量低，不仅成品有效成分低，还产生不少的杂质，增加农药对人畜的毒性。这在有机磷农药合成中最为明显。

5．农药包装

特别是乳油类农药包装封口要严密。包装不严密、不完好，容易引起产品吸潮分解和挥发，且容易接触到空气发生氧化分解引起质量变化。氧化乐果就有这种情况。

根据农药的一些物理化学性质，除了温度、湿度、日光、空气、压力等对农药的质量有影响外，还有酸与碱对农药的质量也有很大的影响。因此，绝大多数农药在储存中都不能与酸或碱性物质接触。

二、农药保管和运输的注意事项

农药是一种特殊商品，在其储运和保管过程中，如果不掌握农药特性，方法不当，就有可能引起人、畜中毒和腐蚀、渗漏、火灾等不良后果，或者造成农药失效、降解及错用，引起作物药害等不必要的损失。因此，在农药的运输、储存保管过程中，应严格按照我国《农药储运、销售和使用的防毒规程》（GB 12475—1990）国家标准执行，尤其要注意以下要点：

1．农药的运输

（1）要用专车、专船运输，不得与食品、饮料、种子和生活用品等混装。

（2）装卸时要轻拿轻放，不得倒置，严防碰撞、外溢和破损。装车时堆放要整齐，标记向外，箱口朝上，放稳扎妥。

（3）装卸和运输人员在工作时要搞好安全防护，戴口罩、手套，穿长裤。若农药污染皮肤，应立即用肥皂、清水冲洗。工作期间不抽烟、不喝水、不吃东西。

（4）运输必须安全、及时、准确。要正确选择路线，时速不宜过快，防止翻车、沉船等事故。运输途中休息时，应将车、船停靠阴凉处，防止曝晒，并远离居民区200 m以外。要经常检查包装情况，防止散包、破包或破箱、破瓶出现。雨天运输，车船上要有防雨设施，避免药品被雨淋。

2．农药（械）的储存和保管

(1) 农药仓库的要求。农药仓库结构要牢固，门窗要严密，库房内要求阴凉、干燥、通风，并有防火、防盗措施，严防受潮、阳光直晒和高温。库内垛底要有防潮隔湿措施，尤其是储放袋装粉剂农药，在库内底层要用木板、谷糠、苇席等把农药与地隔离。堆与堆之间要有空隙，便于通风散热。梅雨季节要注意防潮，且码垛不宜过高，防止下层药粉受压结块。乳油类和油烟剂、烟剂等农药或剧毒农药，应储放在专门的“危险库”内，如没有危险品仓库，也应专仓存放，严格管理火种和电源，还要远离居民、水源、学校等地。

(2) 农药的存放要求。必须单独储存，不得和粮食、种子、饲料、豆类、蔬菜及日用品等混放，也不能与烧碱、石灰、化肥等物品混放在一起，禁止把汽油、煤油、柴油等易燃物放在农药仓库内。农药堆放时，要分品种堆放，严防破损、渗漏。农药堆放高度不宜超过2 m，防止倒塌和下层药粉受压结块。高毒农药和除草剂要分别用专用仓保管，以免引起中毒或药害事故。

(3) 保证农药在保质期之内使用。各种农药进出库都要记账入册，并根据农药“先进先出”的原则，防止农药存放时间过长而失效。对挥发性大和性能不太稳定的农药，不能长期储存，要“推陈储新”。

(4) 用户自家储存农药应注意的问题。要注意将农药单放在一间屋里，防止儿童接近。最好将农药锁在一个单独的柜子或箱子里，不要放在容易使人误食或误饮的地方，一定要将农药保存在原包装中，存放在干燥的地方，并要注意远离火种和避免阳光直射。

(5) 根据不同剂型农药的特点，采取相应措施妥善保管。液体农药（包括乳油、水剂等），特点是易燃烧、易挥发。在储存时重点是隔热防晒，避免高温；堆放时应箱口朝上，保持干燥通风，要严格管理火种和电源，防止引起火灾。固体农药，包括粉剂、颗粒剂、片剂等，其特点是吸湿性强，易发生变质。储存保管重点是防潮隔湿，特别是梅雨季节要经常检查，发现有受潮农药，应移到阴凉通风处摊开晾干，重新包装，不可日晒。固体农药一般不能与碱性物质接触，以免引起失效。压缩气体农药如溴甲烷等，一般用密封钢瓶或特制罐包装，虽然溴甲烷本身不易燃、不易爆，但在高温、撞击、震动等外力影响下，会引起爆炸，而且溴甲烷属高毒气体，在保管这类农药时要特别谨慎，应经常检查阀门是否松动，钢瓶（罐）有无裂缝等，以免引起不良后果。微生物农药，如苏云金杆菌、井冈霉素、赤霉素等，其特点是不耐高温，不耐储存，容易吸湿霉变，失活失效，宜在低温干燥环境中保存，而且保存时间不易超过2年。

(6) 药械的保管。喷雾器每天使用结束后，应倒出筒内残余药液，加入少量清水继续喷洒干净，并用清水清洗各部分，然后打开开关，置于室内通风干燥处存放。铁制筒身的喷雾器，用清水清洗完后，应擦干桶内积水，然后打开开关，倒挂于室内干燥阴凉处存放。

喷洒除草剂后，必须将喷雾器彻底清洗干净，以免喷洒其他农药时对作物产生药害。凡活动部件及非塑料接头处应涂黄油防锈。

第五节　农药的安全科学使用

→ 掌握农药的安全、科学使用方法、注意事项

一、农药安全使用的目标和任务

农药是有毒物品，使用技术性强，要求高，使用不当容易造成人畜中毒、作物药害、病虫产生抗药性和农产品及环境污染。因此，加强农药安全使用工作，切实保护使用者的健康，保护生态环境，确保农产品无农药残留污染，不断提高农产品质量和出口竞争力，是新形势下植保工作新的重点和目标。

安全使用农药涉及范围广，作为农药使用者来说，应主要做好预防人畜中毒，防止作物药害，防止农产品的农药残毒和环境污染等方面的工作。

1．预防人畜中毒

人们在施用或运输农药过程中会接触到农药，并经过口腔、呼吸道和皮肤等途径进入体内，如果超过正常人的最大耐受限量就会引起中毒，将会导致机体的正常生理功能失调，引起病理改变和毒性危害。人体中毒的程度视进入人体的农药品种、接触途径与进入量不同而异，轻的仅引起局部伤害，严重的可危及生命。

2．防止作物药害

科学使用农药，能有效地控制病虫，确保农业增产，提高产品质量。但如用药不当，可能会出现药害。药害是指农药施用到作物上所产生的不良作用，或在土壤中的残留对后茬作物的不良影响。如种子不发芽，发芽后不出土，根、芽膨大畸形，叶片焦斑、黄化、青立、扭曲、畸形、脱落等，造成产量降低，品质变劣等。

药害产生的原因主要有：一是用药不当造成的，如把农药用在敏感的作物上，或在作物敏感的生育期施用，或用药量过大，或是混用不合理，施药不匀或重复喷药等；二是施药时农药飘移到敏感的作物上；三是使用过除草剂的喷雾器具未清洗干净而造成的；四是残留在土壤中的农药及其分解物所引起的。为了防止药害的产生，应注意如下几个方面：

（1）正确选用农药品种。不同作物或一种作物中的不同品种对农药的敏感性有差异，如果把某种农药施用在敏感的作物或品种上就会出现药害。如高粱对敌百虫较敏感；乙草胺可广泛用于番茄、辣椒、茄子、大白菜、芹菜、萝卜、葱、姜、蒜等多种蔬菜，但在黄瓜、菠菜、韭菜上使用易发生药害。

（2）注意用药剂量和用药时间。五氯酚钠是一种除草、杀菌、杀虫兼具的农药，果农用五氯酚钠与石硫合剂的混合液进行葡萄清园，可防治葡萄黑痘病、炭疽病、灰霉病等病害，但若盲目提高使用浓度，或在葡萄老蔓剥过枯皮后使用，极易产生药害。有些除草剂的使用量有严格的规定，只有在一定的剂量下对作物安全，超过一定的范围或施药不均匀，就容易发生药害。农作物和果树的开花和幼果期，其组织幼嫩，抗逆能力弱，容易发生药害，因此，必须避开作物开花（扬花）期和果树幼果期进行施药。露水未干及雨后作物叶片上留有水珠时喷粉易造成药害。

（3）气候条件。刮风喷农药会使农药飘移，施用除草剂后降雨量过大也可能导致药害。如在玉米田施用乙草胺，施药后降雨量过大，有可能出现药害。除草剂以土壤处理方式施用后，如遇上低温天气，作物出苗慢，接触药剂的时间长，很容易发生药害。烈日下施药，植物代谢旺盛，叶片气孔张开，容易发生药害。同时易使药剂挥发，降低防治效果。

（4）防止飘移。使用除草剂时要特别注意防止雾滴飘移到邻近的敏感作物上。阔叶植物，如棉花、大豆、马铃薯、油菜、瓜类及果树等，对2，4－滴丁酯、2甲4氯等敏感，因此，麦田使用2，4－滴丁酯进行化学除草，一定要考虑毗邻地是否有阔叶作物和注意施药时的风向。

（5）清洗药械。盛装过除草剂的量杯、量桶、容器和喷雾器，需经水洗，热碱或热肥皂水洗2～3次，然后再用清水洗净，才能用来盛装其他农药喷施别的作物，否则，很容易造成药害。

（6）防止残留药害。有些除草剂如莠去津、甲磺隆、氯磺隆、胺苯磺隆、氯嘧磺隆、普施特、广灭灵等生物活性高，在土壤中降解较慢，残留期长。在上季作物施用而残留在土壤中的这些除草剂有可能影响下茬敏感作物的正常出苗和生长。如在麦田施用甲磺隆和氯磺隆易对下茬棉花、玉米、水稻造成药害；在大豆田施用普施特易造成下茬水稻药害。为了防止这类除草剂的残留药害，一是按照说明书要求的使用剂量施药，不得随意加大剂量；二是施药期不得推迟；三是下茬不种植敏感作物。

3. 防止农产品的农药残留

农作物收获时，产品中往往仍有微量农药及其有毒的代谢或分解产物和杂质残留，这种在农产品上农药残留的数量，称农药的残留量。

一些农产品中的农药残留对人畜及其他生物具有一定的毒性，这种毒性称为残毒。为防止农药的残留，在使用农药时除要求对不同农药品种规定允许的应用范围外，还要求农产品上的残留量应保持在不毒害人和其他生物体的允许水平量以下，称为允许残留量。

为防止和减少农药对农产品的污染，控制农药在农产品中的残留量，主要采取以下几项措施：

（1）禁止、限制销售和使用高毒、高残留农药。这是从源头上控制农产品农药残留污染的根本措施。政府从政策角度控制高毒、高残留农药的生产、使用，如禁止生产和使用六六六、滴滴涕、杀虫脒，禁止西力生、赛力散、富民隆等有机汞农药和稻脚青、稻宁等有机砷农药用于防治作物病害，禁止六六六、滴滴涕等有机氯农药用于防治害虫，禁止在茶树上使用三氯杀螨醇、氰戊菊酯。

（2）发展和推广使用高效、低毒、低残留和无残留毒性的无公害农药。所谓高效、低毒、低残留农药，就是只要用少量农药，对防治有害生物的效果即可达到理想的要求，而对人畜及各种有益生物毒性小，在自然条件下易于分解，不致造成环境与食品污染。无公害农药的特点是在自然环境中分解较快，不易残留，选择性强，对非靶标生物安全，对人畜安全，只对特殊有害生物有毒杀作用。这主要是指天然的生理活性物质，以及结构与其相类似的合成物质，现今主要指生物农药，如 UL 制剂、井冈霉素、阿维菌素等。

（3）严格执行农副产品农药最高残留量（MRLs）标准。我国已制定了 79 种农药在 32 种（类）农副产品中 197 项农药最高残留量的国家标准。

（4）严格控制用药量和用药次数，按施药的安全间隔期用药。在作物喷洒农药后所留下的农药残留毒被吸收、氧化、降解后，并消失到允许的残留量以下，再收获食用，以确保安全。但不同农药品种、不同剂型、不同施药方式在不同作物上的消失速度不一样，因而安全用药所必需的间隔天数也就不一样。所以，应按我国农业部公布的《农药安全使用标准》《农药合理使用准则》及对有关农药所要求的施药安全间隔期用药；目前《农药合理使用准则（一）》至《农药合理使用准则（七）》包括 183 种农药（包括少量混剂）、66 种杀虫剂、44 种杀菌剂、73 种除草剂，涉及 20 多种作物，还规定了各种农药的适用作物、主要防治对象、用量、施用方法、每季作物最多使用次数、安全间隔期、最高残留限量等。

（5）加强农药残留快速检测技术的研究和推广。实施农产品农药残留快速检测，控制农药残留超标的农产品的市场准入，有效监督无公害食品生产，以经济和市场手段调动农民正确合理使用农药的积极性，是行之有效的重要措施。长期以来，农药残留检测只能在实验室进行，最快也要一周左右，不能走出实验室实时、实地快速检测出结果，导致买卖双方均不清楚所买卖的农产品农药残留是否超标，产品的经济效益没有区别，政府监督部门对农产品农药残留状况以及无公害基地生产状况也难以控制，农民的清洁生产、卫生安全意识模糊，积极性调动不起来。因此，急需加强产品农药残留快速检测技术的研究、开发与推广，并与行政管理联系起来。近几年，有关部门在农药残留快速检测技术的开发与推广方面做了一些工作，各地主要推广应用酶抑法检测有机磷和氨基甲酸酯类农药，但仍需完善技术，以满足生产上的需要。

4. 防止环境污染

农药在生态系统中的分布、转移、变化、代谢、积累对人、畜和生物种群带来了重要的影响。以常规喷雾法防治病虫，往往沉积在作物上的农药不到30%，而大部分农药随气流漂浮于空气中，被雨水淋溶进入土壤深层，或随地面径流汇入水系，引起大气、土壤、水域污染。为了避免施药引起的不良副作用，除禁止或限制高毒、高残留农药，推广使用高效、低毒、低残留农药和掌握合理的施药技术以外，还要做好以下三方面工作：

（1）防止毒害水生生物。根据农药对鱼类和其他水生生物的毒性，稻田中限制或禁止使用对鱼毒性较高的农药品种，如拟除虫菊酯类、锐劲特等农药对鱼类属高毒农药，对虾类的毒性更高，因而，我国规定在稻田中禁止使用拟除虫菊酯类农药，限制使用锐劲特。

此外，为了避免江河、湖泊、池塘的水域污染，在稻田施用农药后，搞好田水管理，用药后4天之内，防止田水流失。

（2）防止家蚕、蜜蜂中毒。在作物与桑混栽区要协调农药使用，防止防治作物病虫的药液雾滴随风飘移到桑树上，造成家蚕取食桑叶中毒。杀虫双、杀虫单最易引起家蚕中毒，在蚕桑产区养蚕期间禁止使用。拟除虫菊酯类、吡虫啉类及锐劲特等农药对蜜蜂毒性大，因此，在蜜蜂养殖区限制使用这些药剂，以免造成蜜蜂中毒。

（3）妥善处理装过农药的瓶、袋、筒、箱。不要把剩余的药液和清洗喷药器械的水倒在池塘、湖泊、江河中，不要直接在池塘、湖泊、江河中清洗喷药器械，用过的空农药瓶不能任意丢弃在田边地头，应带回去集中处理。

二、科学用药注意事项

1. 对症下药

各类农药的品种很多，特点不同，应针对要防治的对象，选择最适合的品种，防止误用，并尽可能选用对天敌杀伤作用小的品种。

2. 适时施药

现在各地已对许多重要病、虫、草、鼠制定了防治标准，即常说的防治指标。根据调查结果，达到防治指标的田块应该施药防治，未达到指标的不必施药。施药时间一般根据有害生物的发育期、作物生长进度和农药品种而定，还应考虑田间害虫天敌的状况，尽可能躲开天敌对农药敏感期施用。既不能单纯强调“治早、治小”，也不能错过有利时期。特别是除草剂，施用时既要看草情还要看“苗”情。

3. 适量施药

任何种类农药均需按照推荐用量使用，不能任意增减。为了做到准确，应将施用面积量准，药量和加水量称准，不能草率估计，以防造成作物药害或影响防治效果。

4. 均匀施药

喷布农药时必须使药剂均匀周到地分布在作物或害物表面，以保证取得好的防治效果。现在使用的大多数内吸杀虫剂和杀菌剂，以向植株上部传导为主，称“向顶性传导作用”，很少向下传导，因此要喷洒均匀周到。

5. 合理轮换用药

实践证明，在一个地区长期连续使用单一品种农药，容易使有害生物产生抗药性，特别是一些菊酯类杀虫剂和内吸性杀菌剂，连续使用数年，防治效果即大幅度降低。轮换使用作用机制不同的品种，是延缓有害生物产生抗药性的有效方法之一。

6. 合理混用

合理混用农药可以提高防治效果，延缓有害生物产生抗药性或兼治不同种类的有害生物，节省人力。混用的主要原则是：混用必须增效，不能增加对人、畜的毒性，有效成分之间不能发生化学变化，例如，遇碱分解的有机磷杀虫剂不能与碱性强的石硫合剂混用。要随用随配，不宜储存。

为了达到提高施药效果的目的，将作用机制或防治对象不同的两种或两种以上的商品农药混合使用。有些商品农药可以混合使用，有的在混合后要立即使用，有些则不可以混合使用或没有必要混合使用。在考虑混合使用时必须有目的，如为了提高药效，扩大杀虫、除草、防病或治病范围，同时兼治其他虫害、病害，收到迅速消灭或抑制病、虫、草危害的效果，防治抗性病、虫和草，或用混合使用方法来解决农药不足的问题等。但不可盲目混用，因为有些种类的农药混合使用时不仅起不到好的作用，反而会使药剂的质量变坏或使有效成分分解失效，浪费了药剂。

除草剂之间的混用较为普遍，市售的很多除草剂产品本身就是混合剂。除草剂的混用除了提高药效和扩大杀草谱外，还有一个很重要的目的就是降低单剂的使用剂量，从而防止对作物产生药害。

7. 注意安全采收间隔期

各类农药在施用后分解速度不同，残留时间长的品种，不能在临近收获期使用。有关部门已经根据多种农药的残留试验结果，制定了《农药安全使用规定》和《农药合理使用准则》，其中规定各种农药在不同作物上的“安全间隔期”，即在收获前多长时间停止使用某种农药。

8. 注意保护环境

施用农药须防止污染附近水源、土壤等，一旦造成污染，可能影响水产养殖或人、畜饮水等，而且难于治理。按照使用说明书正确施药，一般不会造成环境污染。

三、安全使用农药注意事项

1. 施药人员应符合要求

(1) 施药人员应身体健康，经过专业技术培训，具备一定的植保知识，严禁儿童、老人、体弱多病者、经期、孕期、哺乳期妇女参与施用农药。

(2) 施药人员需要穿着防护服，不得穿短袖上衣和短裤进行施药作业；身体不得有暴露部分；防护服需穿戴舒适，厚实的防护服能吸收较多的药雾而不至于很快进入衣服的内侧，棉质防护服通气性好于塑料服；使用背负式手动喷雾器时，应穿戴防渗漏披肩；防护服要保持完好无损。施药作业结束后，应尽快把防护服清洗干净。

2. 施药时间应安全

(1) 应选择好天气施药。田间的温度、湿度、雨露、光照和气流等气象因子对施药质量影响很大。在刮大风和下雨等气象条件下施用农药，对药效影响很大，不仅污染环境，而且易使喷药人员中毒。刮大风时，药雾随风飘扬，使作物病菌、害虫、杂草表面接触到的药液减少，即使已附着在作物上的药液，也易被风吹拂挥发，振动散落，大大降低防治效果；刮大风时，易使药液飘落到施药人员身上，增加中毒机会；刮大风时，如果施用除草剂，易使药液飘移，有可能造成药害。下大雨时，作物上的药液被雨水冲刷，既浪费农药又降低药效，且污染环境。应避免在雨天及风力大于 3 级（风速大于 4 m/s）的条件下施药。

(2) 应选择适宜时间施药。在气温较高时施药，施药人员易发生中毒。由于气温较高，农药挥发量增加，田间空气中农药浓度上升，加之人体散热时皮肤毛细血管扩展，农药经皮肤和呼吸道吸入，引起中毒的危险性就增加。所以喷雾作业时，应避免夏季中午高温（30℃以上）的条件下施药。夏季高温季节喷施农药，要在上午 10 时前和下午 3 时后进行。对光敏感的农药选择在上午 10 时以前或傍晚施用。施药人员每天喷药时间一般不得超过 6 h。

3. 施药操作应规范

(1) 田间施药

1) 进行喷雾作业时，应尽量采用低容量的喷雾方式，把施药液量控制在 300 L/hm^2（20 L/亩）以下，避免采用大容量喷雾方法。喷雾作业时的行走方向应与风向垂直，最小夹角不小于 45°。喷雾作业时要保持人体处于上风方向喷药，实行顺风、隔行前进或退行，避免在施药区穿行。严禁逆风喷洒农药，以免药雾吹到操作者身上。

2) 为保证喷雾质量和药效，在风速过大（大于 5 m/s）和风向常变不稳时不宜喷药。特别是在喷洒除草剂时，风速过大容易引起雾滴飘移，造成邻近敏感作物药害。在使用触杀性除草剂时，喷头一定要加装防护罩，避免雾滴飘失引起邻近敏感作物药害。另外，喷洒除草剂时喷雾压力不要超过 0.3 MPa，避免高压喷雾作业时产生的细小雾滴引起的雾滴飘失。

（2）设施内施药。在温室大棚等设施内施药时，如采用喷雾方法，应尽量避免常规大容量喷雾技术，最好采用低容量喷雾法。如采用烟雾法、粉尘法、电热熏蒸法等施药技术，应在傍晚进行，并同时封闭棚室。第 2 天将棚室通风 1 h 后人员方可进入。

如在温室大棚内进行土壤熏蒸消毒，处理期间人员不得进入棚室，以免发生中毒。

四、施药后的处理

1. 施药田块的处理

（1）常规施药田块的处理。施过农药的田块，作物、杂草上都附有一定量的农药，一般经 4 ~5 天后会基本消失。因此要在施用过农药的田块树立明显的警示标志，在一定的时间内禁止人、畜进入。

（2）施用过高毒农药田块的处理。对施用过有机磷高毒农药的棉田，3 ~5 天内人、畜都不可进入。稻田施药后要巡视田埂，防止田水渗漏和溢出污染水源，3 天内不得放出田水。警示牌可这样制作："此田已喷农药，5 天内禁止入内。×月×日""果树已喷农药，30 天内请勿采摘。×月×日"。

2. 残余药液及废弃农药包装的处理

（1）残余药液的处理

1）未喷完药液（粉）的处理。在该农药标签许可的情况下，对于少量的剩余药液，如果不可能在下一天继续使用，可在当天重复施用在目标物上。

2）农药喷施结束后，剩余的药剂或药粉必须保存在其原有的包装中，并密封储存于上锁的地方，不能用其他容器盛装农药，严禁用空饮料瓶分装剩余农药。要存放到儿童拿不到的地方。

（2）废弃农药包装的处理。农药包装废弃物一般沾有有毒有害的化学品，据统计，我国每年的农药包装废弃物约有 32 亿个，这些农药包装废弃物被随意弃之于河流、沟边、渠旁、田间、地头，污染地下水源，对人类和环境造成极大的危害。如一些高分子树脂的塑料袋被日复一日地埋在土壤里，不但会浪费宝贵土地，而且在自然环境下不易降解，可保留 200 ~700 年，污染环境，影响农作物生长。有资料显示，每 0.07 hm^2 地塑料残留量达 15 kg 时，可使油菜、小麦、稻谷分别减少 54%、26%、30%。丢弃在水中的容易被动物吞入，导致动物中毒或死亡。因此农药的空容器和包装，必须妥善处理，不得随意乱丢，尤其不要弃之于田间地头。

1）对常用农药废弃包装的处理

①对金属类的农药容器应至少冲洗 3 次，砸扁后将其深埋于土壤中。

②对塑料容器应至少冲洗 3 次，砸碎后掩埋或烧毁。

③对玻璃瓶容器应至少冲洗 3 次，砸碎后掩埋。

④对纸包装应烧毁或掩埋。

2）对农药溢出物污染的包装和废弃物的处理。被农药溢出物污染的包装和废弃物必须集中在一个通风和远离人群、牲畜、住宅和作物的地方烧毁，或掩埋在不可能污染水井和水源的地方。

3）对特殊农药的包装处理要求。除草剂的包装不能焚烧，因燃烧时产生的烟雾有可能对作物产生药害；装有植物生长调节剂类农药的废弃物也不能采用焚烧的办法处理。

4）废弃包装物处理安全注意事项。焚烧农药废弃物必须在远离住宅和作物的地方进行，操作人员在焚烧时不要站在烟雾中，要阻止儿童接近；掩埋废容器和废包装应远离水源和居民点；对于不能及时处理的农药容器，应妥善保管，以防被盗和滥用，同时要阻止儿童和牲畜接近；不要用农药空容器盛装其他农药，更不能作为人、畜的饮食用具。

3．施药后的清洁与卫生

（1）施药器械的清洗。施过农药的器械不得在小溪、河流或池塘等水源中冲洗或洗涮，洗涮过施药器械的水应倒在远离居民点、水源和作物的地方。

（2）防护服的清洗

1）施药作业结束后，应立即脱下防护服及其他防护用具，装入事先准备好的塑料袋中带回处理。

2）带回的各种防护服、用具、手套等物品，应立即清洗。根据一般农药遇碱容易分解破坏的特点，可以用碱性物质对上述物品进行处理。如用碱水或肥皂水或草木灰水浸泡。草木灰是碱性物质，常用 1 kg 草木灰加 16 kg 水做成清洗液，待澄清后取上面的清液使用。若被农药原液污染，可先放入 5% 碱水或肥皂水中浸泡 1 ~ 2 h，然后用清水清洗。

3）橡皮及塑料薄膜手套、围腰、胶鞋被农药原液污染，可放入 10% 碱水内浸泡 30 min，再用清水冲洗 3 ~ 5 遍，晾干备用。

（3）施药人员的清洗

1）应先用清水冲洗手、脚、脸等暴露部位，再用肥皂洗涤全身，并漱口换衣。施用敌百虫后不能用碱性肥皂洗涤，而应使用中性肥皂洗涤。

2）对于使用了背负式喷雾器人员的腰背部，因污染较多，需反复清洗。有条件的地方最好采用淋浴，条件差的地方在用肥皂清洗后，用盆或桶装上温度适合的清水进行冲洗。

4．用药档案记录

每次施药应记录天气状况、用药时间、药剂名称、防治对象、用药量、加水量、喷洒药液量、施用面积、防治效果、安全性。

5. 农药的安全储藏和保管

农药是特殊商品，如果储藏不当，就会变质，甚至失效，也有产生其他有害作用的可能。要仔细制定购买计划，以缩短储藏时间和避免过剩。农药的储存条件要符合标签上的要求，尤其要避免将农药储存在其限定温度以外的条件下。储藏的农药在任何时候都必须做到安全、保险。

（1）农药应专地储存，不能与粮食、蔬菜、瓜果、食品、日用品等混放。也不能和火碱、石灰、小苏打、碳酸氢铵、氨水、肥皂以及硝酸铵、硫酸铵、过磷酸钙等碱性或酸性物品同仓存放。另外，也不能和火柴、爆竹、火油、硫、木炭、纸屑等易燃易爆的物品放在一起。最好能单独储存在有锁的仓库或专用设施中，还应远离儿童、家禽、牲畜、动物饲料和水源，以消除一切造成污染的或误当其他物品的可能性。

（2）农药和化肥不能储放在同一仓库里。因为化肥的品种较多，农药的品种更多，而且它们的性质又各不相同。如化肥有易挥发的、易爆炸的，有酸性的，也有碱性的。农药也有易分解的、易燃的、易爆炸的，而且是有毒的，所以不能同库存放。

（3）要把经农药处理过的种子单独存放，并在上面做上记号，以免误作粮食食用。

（4）除草剂应该与其他农药分开储存，以免误将除草剂当杀虫剂使用，造成不必要的经济损失。

（5）要定期检查农药包装的破损和渗漏情况。

（6）对有破损和渗漏的包装和容器，要及时转移。

（7）如果破损包装和容器中的农药仍可使用，可将它们重新包装，但必须装进贴有原始标签的容器，若没有原始容器，则必须将原始标签贴到新的包装容器的显著位置。

（8）不要在溢出的农药旁吸烟或使用明火。对溢出的农药液体，应用干土或锯木屑吸附，在仔细清扫后将废渣埋在对水源和水井不会污染的地方。

（9）要定期检查农药的有效期，对已过期的农药要及时销毁。

第六节 农药中毒与急救

→ 了解农药中毒的类型和症状

→ 掌握农药中毒急救措施

在使用接触农药的过程中，农药进入人体内超过了正常人的最大忍受量，使人的正常生理功能受到影响，出现生理失调、病理改变等系列中毒现象，如呼吸障碍、心搏骤停、休克、昏迷、痉挛、激动、不安、呕吐等症状，就是农药中毒现象。

农药中，真正对人类健康构成威胁的，主要是杀虫剂、杀鼠剂，其次是杀霉菌剂及个别除草剂，其他几类农药多为低毒物质，在临床上很少见有中毒报告。引起急性中毒最常见的农药为有机磷类、氨基甲酸酯类、拟除虫菊酯类、有机氯类、有机氟类、毒鼠强、杀鼠灵、百草枯、磷化锌、五氯酚钠等；此外，还有有机硫类（如代森铵、福美双、稻脚青等）、有机砷类（如福美砷等）、沙蚕毒素类（如杀虫双、杀虫环、螟蛉畏等）。某些在国内已明令禁产禁用的农药如有机汞类、杀虫脒等，仍不断有中毒病例出现，临床实践中应予注意。

一、农药中毒的类型

以农药中毒后引起人体所受损害程度的不同可分为轻度、中度、重度中毒。以中毒快慢可分为急性中毒、亚急性中毒、慢性中毒。

1. 急性中毒

农药被人一次口服、吸入或皮肤接触量较大，在24 h内就表现中毒症状的为急性中毒。

2. 亚急性中毒

一般是人在接触农药48 h内，出现中毒症状，时间较急性中毒较长，症状表现较缓慢。

3. 慢性中毒

接触农药量较小，时间长容易产生累积性慢性中毒。农药进入人体后累积到一定量才表现出中毒症状，一般不易被察觉，诊断时往往被认为是其他症状。所以慢性中毒易被人们忽略，一旦发现，为时已晚，在日常生活中食用了农药残留量超标的蔬菜、水果，饮用了农药残留量超标的水，或接触、吸入了卫生杀虫剂等大多会引起累积性的慢性中毒。

二、农药中毒的途径

1. 农药中毒的原因

（1）在使用农药过程中发生的中毒叫生产性中毒，造成生产性中毒的主要原因如下：

①配药不小心，药液污染手部皮肤，又没有及时清洗；下风配药或施药，吸入农药过多。

②施药方法不正确，如人向前行左右喷药，打湿衣裤；几架药械同时喷药，未按梯形前进和下风侧先行，引起相互影响，造成污染。

③不注意个人防护，如未穿长袖衣、长裤、胶靴，赤足露背喷药；配药、拌种时不

戴橡胶手套、防毒口罩和护镜等。

④喷雾器漏药，或在发生故障时徒手修理，甚至用嘴吹堵在喷头里的杂物，造成农药污染皮肤或经口腔进入人体内。

⑤连续施药时间过长，经皮肤和呼吸道进入的药量过多；或在施药后不久的田内劳动。

⑥喷药后未洗手、洗脸就吃东西、喝水、吸烟等。

⑦施药人员不符合要求。

⑧在科研、生产、运输和销售过程中因意外事故或防护不严污染严重而发生中毒。

（2）在日常生活中接触农药而发生的中毒叫非生产性中毒，造成非生产性中毒的主要原因包括：

①乱用农药，如用对硫磷等高毒农药灭虱、灭蚊、治癣或其他皮肤病等。

②保管不善，把农药与粮食混放，吃了被农药污染的粮食而中毒。

③用农药包装品装食物或用农药空瓶装油、酒等。

④食用近期施药的瓜果、蔬菜、拌过农药的种子或药毒死的畜禽、鱼虾等。

⑤施药后田水泄漏或清洗药械污染了饮用水源。

⑥有意投毒或因寻短见服农药自杀等。

⑦意外误接触农药中毒。

2. 影响农药中毒的相关因素

（1）农药品种及毒性。农药的毒性越大，造成中毒的可能性就越大。

（2）气温。气温越高，中毒人数越集中。有 90% 左右患者的中毒发生在气温 30℃以上的 7—8 月份。

（3）农药剂型。乳油发生中毒较多，粉剂中毒少见，颗粒剂、缓释剂较为安全。

（4）施药方式。撒毒土、泼浇较为安全，喷雾发生中毒较多。经对施药人员小腿、手掌处农药污染量测定，证实了撒毒土为最少，泼浇为其 10 倍，喷雾为其 150 倍。

3. 农药进入人体引起中毒的途径

（1）经皮肤进入人体。这类中毒是由于农药沾染皮肤进到人体内造成的。不按安全操作规程，如不穿防护服，不戴手套施药，喷雾器在喷药前未检查漏水，药液浸湿了衣裤，迎风喷药药液吹到了操作者身上或眼内均会引起经皮肤进入人体中毒。特别是天热，气温高，皮肤汗水多，血液循环快，容易吸收。皮肤有损伤时，农药更易进入。大量出汗也能促进农药吸收。

（2）经呼吸道进入人体。很多具有熏蒸作用的农药和容易挥发成气体的农药，在喷药过程中不戴口罩，储藏农药的地方不通风或将农药放在人住的房内，都会因吸入了农药而引起吸入中毒。喷雾时的细小雾滴，悬浮于空气中，也易被吸入中毒。要特别注意无臭、无味、无刺激性的药剂，这类药剂要比有特殊臭味和刺激性的药剂中毒的可能性大。因为它容易被人们所忽视，在不知不觉中大量吸入体内。

（3）经消化道进入人体。通过嘴和消化道吸收引起的中毒，如食用了拌了农药的种子；长期食用了农药残留量超标的瓜、果、蔬菜，在喷药时不按操作规程，不洗手就吃东西、喝水、抽烟等都能引起经口中毒。经口中毒，农药剂量一般较大，不易彻底消除，所以中毒也较严重，危险性也较大。

三、农药中毒的急救治疗

1．正确诊断农药中毒情况

农药中毒必须根据以下几点诊断：

（1）中毒现场调查。询问农药接触史，中毒者如清醒，则要口述与农药接触的过程、农药种类、接触方式，如误服、误用、不遵守操作规程等。如严重中毒不能自述者，则需通过周围人及家属了解中毒的过程和细节。

（2）临床表现。结合各种农药中毒相应的临床表现，观察其发病时间、病情发展以及一些典型症状和体征。

（3）鉴别诊断。排除一些常易混淆的疾病，如施药季节常见的中暑、传染病、多发病。

（4）化验室资料。有化验条件的地方，可以参考化验室检查资料，如患者的呕吐物、洗胃抽出物的物理性状，以及排泄物和血液等生物材料方面的检查。

2．现场急救

（1）立即使患者脱离毒物，转移至空气新鲜处，松开衣领，使呼吸畅通，必要时吸氧和进行人工呼吸。

（2）皮肤和眼睛被污染后，要用大量清水冲洗。

（3）误服毒物后需饮水催吐（吞食腐蚀性毒物后不能催吐）。

（4）心脏停跳时进行胸外心脏按摩。患者有惊厥、昏迷、呼吸困难、呕吐等情况时，在护送去医院前，除检查、诊断外，应给予必要的处理，如取出假牙，将舌引向前方，保持呼吸畅通，使仰卧，头后倾，以免吞入呕吐物，以及一些对症治疗的措施。

（5）处理其他问题。穿上靴子，戴上手套，尽快给患者脱下被农药污染的衣服和鞋袜，然后把污物冲洗掉。在缺水的地方，必须将污物擦干净，再去医院治疗。

现场急救的目的是避免继续与毒物接触，维持病人生命，将重症病人转送到邻近的医院治疗。

3．中毒后的救治措施

（1）用微温的肥皂水或清水清洗被污染的皮肤、头发、甲、耳、鼻等，眼部污染者可用小壶或注射器盛2%小苏打水、生理盐水或清水冲洗。

（2）对经口中毒者，要及时、彻底催吐、洗胃、导泻，但神志恍惚或明显抑制者不宜催吐。补液、利尿以排毒。

（3）呼吸衰竭者就地给以呼吸中枢兴奋剂，如可拉明、洛贝林等，同时给氧气吸入。呼吸停止者应及时进行人工呼吸，首先考虑应用口对口人工呼吸，有条件者准备气管插管，给以人工辅助呼吸。同时可针刺人中、十宣、涌泉等穴，并给以呼吸兴奋剂。对呼吸衰竭和呼吸停止者都要及时清除呼吸道分泌物，以保持呼吸道通畅。

（4）循环衰竭者如出现血压下降，可用升压药静脉注射，如阿拉明、多巴胺等，并给以快速的液体补充。

（5）心脏功能不全时，可以用咖啡因等强心剂。心跳停止时用心前区叩击术和胸外心脏按压术，经呼吸道近心端静脉或心脏内直接注射新三联针（肾上腺素、阿托品各1 mg，利多卡因50 mg）。

（6）惊厥病人给以适当的镇静剂。

（7）解毒药的应用。为了促进毒物转变为无毒或毒性较小的物质，或阻断毒作用的环节，凡有特效解毒药可用者，应及时正确地应用相应的解毒药物。

1）胆碱酯酶复能剂。国内使用的复能剂有解磷定、氯磷定、双复磷、双解磷。这种解毒药能迅速复活被有机磷农药抑制的胆碱酯酶，对肌肉震颤、抽搐、呼吸肌麻痹有强有力的控制作用。但它们只对有机磷农药的急性中毒有效，而对慢性有机磷农药中毒、氨基甲酸酯类农药中毒无复能作用，对某些农药反而会增强抑制胆碱酯酶的活性，如西维因农药，应禁止使用。

2）硫酸阿托品。用于急性有机磷农药中毒和氨基甲酸酯类农药中毒的解毒药物。

3）巯基类络合剂。这类药物对砷制剂、有机氯制剂有效，也可用于有机锡、溴甲烷等中毒，常用的有二巯基丙磺酸钠、二巯基丁酸钠、二巯基丙醇、巯乙胺等。

4）乙酰胺。它可使有机氟农药中毒后的潜伏期延长，症状减轻或制止发病，效果较好。

单元测试题

一、判断题（下列判断正确的打“√”，错误的打“×”）

1. 农药是指用于预防、消灭或者控制为害农业、林业的病、虫、草害时施用的化学药品。（ ）

2. 杀虫剂根据作用方式可分为触杀、内吸、熏蒸、保护剂等。（ ）

3. 大多数农药原药不能直接用于病虫害防治。（ ）

4. 高效盖草能是一种选择性的除草剂。 ( )

5. 水乳剂减少了制剂中有机溶剂用量，提高了生产与储运安全性，降低了使用毒性和环境污染风险，是目前我国大力提倡发展的农药剂型。 ( )

6. 农药的毒性作用取决于此种农药本身的毒性，与剂型、使用方法等没有关系。 ( )

7. 高毒农药不准用于蔬菜、茶叶、果树、中药材等作物，但可用于防治卫生害虫和毒鼠。 ( )

8. 农药标签上的通用名可以是中文通用名称，也可以是英文通用名。

9. 过期失效仍在销售的农药不属于假劣农药。 ( )

10. 乳油农药出现浮油分层等，使用时只需摇匀，不影响使用效果。 ( )

11. 可湿性粉剂、水分散粒剂、干悬浮剂、悬浮剂等很快出现沉淀，则证明悬浮剂的悬浮率过低，产品不合格。 ( )

12. 使用手动喷雾器施药时，当风速大于等于5 m/s时，不能进行农药喷洒作业。 ( )

13. 使用手动喷雾器施药，气温超过32℃时施药药效高。 ( )

14. 土壤处理喷除草剂应用扇形雾喷头。 ( )

15. 用手动喷雾器喷雾防治作物病虫害时，最好选用大孔径喷片，这是因为大喷片喷头产生的农药雾滴较小喷片的雾滴多，防治效果好。 ( )

16. 使用手动喷雾器行间喷洒除草剂时，一定要配置喷头防护罩，防止雾滴飘移造成邻近作物药害。 ( )

17. 解磷定是用于有机磷和氨基甲酸酯类农药中毒的解毒药物。 ( )

二、单项选择题（下列每题有4个选项，其中只有1个是正确的，请将其代号填在横线空白处）

1. 下列不属于农药的是________。

A. 硫黄　B. 硫酸铜　C. 碳酸钙　D. 波尔多液

2. 根据用途将农药分为________类。

A. 7　B. 8　C. 9　D. 10

3. 根据原料来源将农药分为________类。

A. 4　B. 5　C. 6　D. 7

4. 选择性除草剂________。

A. 只杀杂草而不伤害农作物

B. 能杀死某些植物，对另一些植物则相对安全无害

C. 能杀死某些植物，对另一些植物则安全无害

D. 只杀死单子叶植物

5. 可湿性粉剂要求________。

A. 99.5%的粉粒能通过200号筛目，粉粒直径在25 μm以下

B. 95%的粉粒能通过200号筛目，粉粒直径在74 μm以下

C. 90%的粉粒能通过200号筛目，粉粒直径在25 μm以下

D. 99.5%的粉粒能通过200号筛目，粉粒直径在40 μm以下

6. 乳剂要求________。

A. pH值为5~6，稳定度在99.9%以上，在正常条件下储藏不分层，不沉淀

B. pH值为6~8，稳定度在99.5%以上，在正常条件下储藏不分层，不沉淀

C. pH值为5~6，稳定度在90%以上，在正常条件下储藏，不分层，稍须沉淀

D. pH值为6~8，稳定度在90%以上，在正常条件下储藏，不分层，稍须沉淀

7. 下列哪几类剂型可以用来喷雾________。

A. 乳油、可湿性粉剂、水剂、微乳剂和胶悬剂

B. 水剂、油剂、粉剂、片剂和颗粒剂

C. 乳油、可湿性粉剂、片剂和颗粒剂

D. 水乳剂、油剂、粉剂、可湿性粉剂和水剂

8. 依据我国现行的农药产品毒性分级标准，农药毒性分为________。

A. 剧毒　高毒　中等毒　低毒4级

B. 剧毒　高毒　中等毒　低毒　微毒5级

C. 剧毒　高毒　中等毒　低毒　无毒5级

D. 高毒　中等毒　低毒3级

9. 喷雾器中未喷完的残液，应________。

A. 倒入周围农田　　B. 倒入周围水池或河中稀释药液，减少毒性

C. 用专用药瓶存放，安全带回　　D. 再重喷作物，直到喷完为止

10. 施药后的空药瓶、空药袋应________。

A. 集中收集、妥善处理，不得随意丢弃　　B. 回收利用，卖给废品回收站

C. 扔到农田中间　　D. 扔到废水池中

11. 在储存、运输中影响农药质量变化的因素主要有________。

A. 温度　湿度　光照

B. 温度　湿度　光照　包装

C. 温度　湿度　光照　材料质量　包装

D. 温度　湿度　光照　材料质量

三、填空题（请将正确的答案填在横线空白处）

1. 以农药中毒后引起人体所受损害程度的不同可分为________、________、________中毒。以中毒快慢可分为________、________、________中毒。

2. 农药进入人体引起中毒的途径有________、________、________。

四、简答题

1. 简述农药运输和保管的注意事项。
2. 简述农药中毒后的急救措施。

单元测试题答案

一、判断题

1. × 2. × 3. √ 4. √ 5. √ 6. × 7. × 8. × 9. × 10. × 11. √ 12. × 13. × 14. √ 15. × 16. √ 17. ×

二、单项选择题

1. C 2. A 3. A 4. A 5. A 6. B 7. A 8. B 9. C 10. A 11. C

三、填空题

1. 轻度、中度、重度，急性、亚急性、慢性
2. 经消化道、经皮肤、经呼吸道

四、简答题

答案略。

理论知识考核试卷

一、填空题（请将正确的答案填在横线空白处，每空1分，共20分）

1. 昆虫头部具有主要的感觉器官如触角、复眼和单眼，还有取食的口器，所以头部是取食和________的中心。

2. 触角是由许多可以活动的环节组成，基部第1节称________，第2节称________，这两节内部都有肌肉着生，以后许多节内部均无肌肉着生，总称为________。

3. 昆虫口器的基本构造由________、________、________、________和舌五部分组成。

4. 雌雄两性昆虫在形态上有明显差异的现象，又称为________或________。

5. 根据非生物因素和生物因素引起植物病害的性质，可以分为________和________。

6. 植物病害的症状可再分为两部分：寄主发病后表现不正常状态的，称为________；病原生物在寄主上的特征性表现称为________。

7. 以农药中毒后引起人体所受损害程度的不同可分为________、________、________中毒。以中毒快慢可分为________、________、________中毒。

二、判断题（下列判断正确的请在括号内打"√"，错误的打"×"，每题2分，共20分）

1. 昆虫的眼有两种，一种叫复眼，另一种叫单眼，所有的昆虫都具有单眼和复眼。（　）

2. 由于昆虫对光的适应，按照昆虫日夜活动的规律，可将昆虫分为日出性和夜出性两大类。（　）

3. 昆虫的足是胸部的附肢，昆虫的翅也是由胸部的附肢演化而来的。（　）

4. 蚜虫可以从母体直接产生出若虫来，所以蚜虫可以营胎生繁殖。（　）

5. 昆虫的卵是一个大型细胞。（　）

6. 蛹期是全变态类昆虫特有的发育阶段，也是幼虫转变为成虫的过渡时期。（　）

7. 棉蚜可为害74科、285种的植物，因此蚜虫是杂食性昆虫。（　）

8. 对具有假死性的害虫，可以用骤然振落的方法加以捕杀，因此昆虫的假死习性对昆虫是不利的一种习性。 ( )

9. 许多昆虫都会发声，因此声音是昆虫进行信息交流的主要方式。 ( )

10. 能引起植物病害的寄生物称为病原物，因此寄生物是植物病害的病原。 ( )

三、单项选择题（下列每题有4个选项，其中只有1个是正确的，请将其代号填在横线空白处，每题2分，共30分）

1. 昆虫在生长发育过程中，需要不断地取食大量有机物质，不同种类的昆虫，对食料的要求是不同的，按其取食食物的种类，食性可分为下列三类：________。

A. 植食性　肉食性　杂食性　　B. 单食性　寡食性　多食性

C. 植食性　捕食　寄生　　D. 杂食性　单食性　捕食性

2. 昆虫的繁殖方式常见的有下列几种________。

A. 两性繁殖　多胚生殖　幼体生殖

B. 两性繁殖　多胚生殖　胎生　偶发性孤雌生殖

C. 两性繁殖　孤雌生殖　多胚生殖　幼体生殖

D. 两性繁殖　孤雌生殖　多胚生殖　胎生和幼体生殖

3. 昆虫的足由下列各节组成________。

A. 基节　转节　腿节　胫节　跗节　　B. 柄节　梗节　腿节　胫节　转节

C. 基节　跗节　柄节　胫节　转节　　D. 柄节　跗节　腿节　梗节　肘节

4. 昆虫的翅有以下几种类型________。

A. 膜翅　平衡棒　鞘翅　半鞘翅　鳞翅　缨翅　复翅

B. 膜翅　鞘翅　半鞘翅　鳞翅　缨翅　复翅

C. 膜翅　直翅　鞘翅　半鞘翅　鳞翅　缨翅　复翅

D. 膜翅　平衡棒　鞘翅　革翅　鳞翅　缨翅　复翅

5. 病状的主要类型有________。

A. 变色　坏死　腐烂　畸形　萎蔫

B. 褪色　坏死　腐烂　畸形　萎蔫

C. 变色　斑点　病斑　畸形　萎蔫

D. 变色　坏死　腐烂　卷叶　萎蔫

6. 真菌的无性孢子有________。

A. 游动孢子　孢囊孢子　分生孢子　厚垣孢子

B. 游动孢子　孢囊孢子　分生孢子　接合孢子

C. 游动孢子　孢囊孢子　分生孢子　子囊孢子

D. 游动孢子　孢囊孢子　分生孢子　担子孢子

7. 下列不属于农药的是________。

A. 硫黄　B. 硫酸铜　C. 碳酸钙　D. 波尔多液

8. 根据用途将农药分为________类。

A. 7　B. 8　C. 9　D. 10

9. 根据原料来源将农药分为________类。

A. 4　B. 5　C. 6　D. 7

10. 选择性除草剂________。

A. 只杀杂草而不伤害农作物

B. 能杀死某些植物，对另一些植物则相对安全无害

C. 能杀死某些植物，对另一些植物则安全无害

D. 只杀死单子叶植物

11. 可湿性粉剂要求________。

A. 99.5%的粉粒能通过200号筛目，粉粒直径在25 μm以下

B. 95%的粉粒能通过200号筛目，粉粒直径在74 μm以下

C. 90%的粉粒能通过200号筛目，粉粒直径在25 μm以下

D. 99.5%的粉粒能通过200号筛目，粉粒直径在40 μm以下

12. 乳剂要求________。

A. pH值为5~6，稳定度在99.9%以上，在正常条件下储藏不分层，不沉淀

B. pH值为6~8，稳定度在99.5%以上，在正常条件下储藏不分层，不沉淀

C. pH值为5~6，稳定度在90%以上，在正常条件下储藏，不分层，稍须沉淀

D. pH值为6~8，稳定度在90%以上，在正常条件下储藏不分层，稍须沉淀

13. 下列哪几类剂型可以用来喷雾________。

A. 乳油、可湿性粉剂、水剂、微乳剂和胶悬剂

B. 水剂、油剂、粉剂、片剂和颗粒剂

C. 乳油、可湿性粉剂、片剂和颗粒剂

D. 水乳剂、油剂、粉剂、可湿性粉剂和水剂

14. 依据我国现行的农药产品毒性分级标准，农药毒性分为________。

A. 剧毒、高毒、中等毒、低毒4级

B. 剧毒、高毒、中等毒、低毒、微毒5级

C. 剧毒、高毒、中等毒、低毒、无毒5级

D. 高毒、中等毒、低毒3级

15. 在储存、运输中影响农药质量变化的因素主要有________。

A. 温度、湿度、光照

试卷

B. 温度、湿度、光照、包装

C. 温度、湿度、光照、材料质量、包装

D. 温度、湿度、光照、材料质量

四、简答题（每题 3 分，共 30 分）

1. 简述昆虫的繁殖方式。
2. 简述植物病害病状和病征的主要类型。
3. 简述侵染性病原和非侵染性病原都有哪些。
4. 简述真菌无性孢子的类型。
5. 简述各类病害诊断的方法。
6. 简述农药运输和保管的注意事项。
7. 简述农药中毒后的急救措施。
8. 简述化学防治的优缺点。
9. 棉田发生的主要病虫害种类有哪些。
10. 如何防治葡萄缺节瘿螨。

理论知识考核试卷答案

一、填空题

1. 感觉　2. 柄节　梗节　鞭节　3. 上唇　上颚　下颚　下唇　4. 性二型　雌雄异型　5. 非侵染性病害　侵染性病害　6. 病状　病征　7. 轻度　中度　重度　急性　亚急性　慢性

二、判断题

1. ×　2. ×　3. ×　4. ×　5. √　6. √　7. ×　8. √　9. ×　10×

三、单项选择题

1. A　2. D　3. A　4. A　5. A　6. A　7. C　8. A　9. A　10. A　11. A　12. B　13. A　14. B　15. C

四、简答题

答案略。